# Bäder ausbauen

Chloé

Hans-Werner Bastian

# Bäder
## ausbauen und modernisieren

FALKEN

# Inhalt

I

# Badplanung

# Planspiele für Bäder mit mehr Wohnqualität

Das eigene Heim ist der Bereich, in dem man den größten Teil seines Lebens verbringt. Hier will man sich wohl fühlen. Und dies gilt ganz besonders für den Bereich des Badezimmers. Ob nun ein Neubau ansteht oder die Modernisierung vorhandenen Wohnraums – bei der richtigen Badplanung steht Funktionalität an erster Stelle. Dann erst folgt die attraktive Gestaltung.

Im Sanitärbereich müssen die einzelnen Bauteile natürlich den allgemeinen hygienischen Anforderungen genügen. Weitere Maßstäbe setzen sind die individuellen Ansprüche der Benutzer.

Grundsätzlich wird die Form zunächst von der Funktion bestimmt. Die hygienischen Anforderungen betreffen in erster Linie das Vermeiden von schwer zugänglichen Stellen, die eine gründliche Reinigung und Pflege der Badezimmer-Einrichtung erschweren.

Wichtig ist die funktionsgerechte Anordnung der Sanitärobjekte zueinander. So sollte z. B. das Bidet direkt neben dem WC stehen. Lassen Sie sich bei der Planung größerer Um- oder Neubauten von einem Sanitär-Fachmann beraten.

## Der Platzbedarf im Bad

Wie groß ein Badezimmer sein muss, ergibt sich aus den Stellflächen der vorgesehenen sanitären Einrichtungen, ihren notwendigen Abständen zueinander und den für die Benutzung erforderlichen Freiräumen. Werden hier nur die Mindestanforderungen erfüllt, ist die Bequemlichkeit eingeschränkt.

**Jedes Sanitärobjekt braucht eine bestimmte Stellfläche, damit man bei der Benutzung aurechende Bewegungsfreiheit hat.**

**Typische Waschbecken, Toiletten und Urinale, als Planelemente im Maßstab 1:20 dargestellt. Sie finden hier die gebräuchlichsten Formen und Abmessungen der Sanitärobjekte**

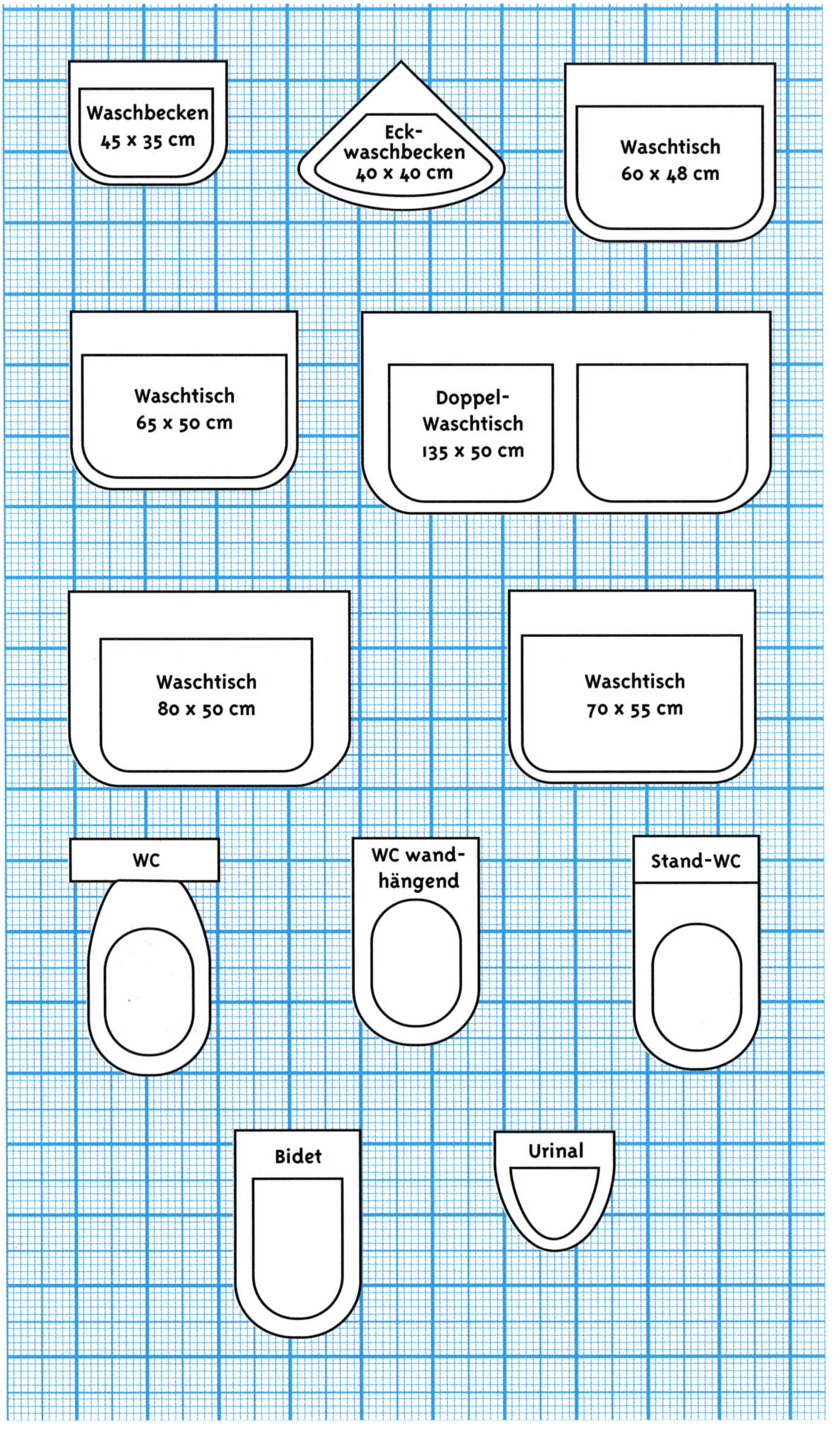

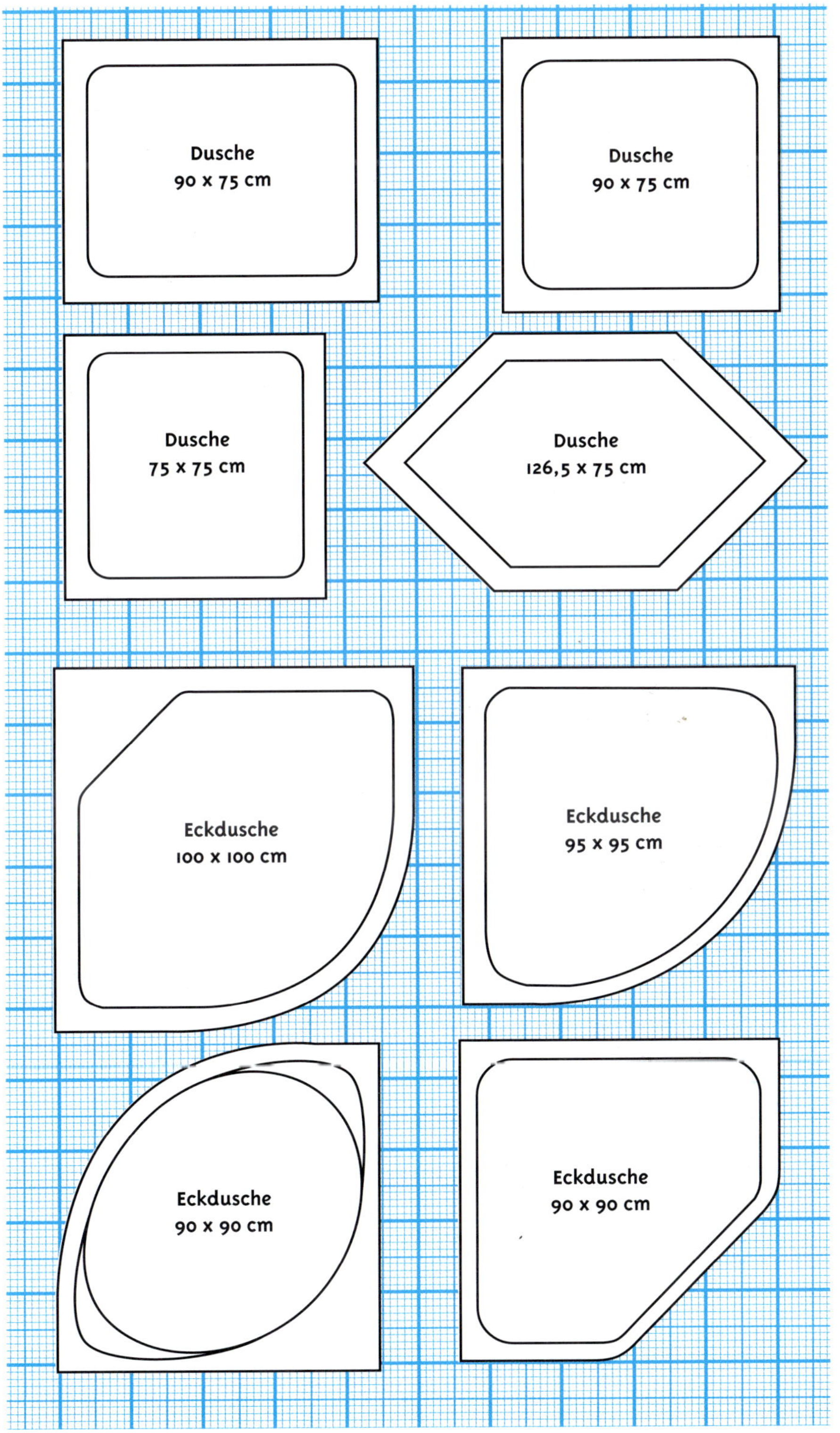


Eine Auswahl handelsüblicher Duschtassen: Beachten Sie, dass in der kleinsten Ausführung die Bewegungsfreiheit bei der Benutzung bereits erheblich eingeschränkt ist

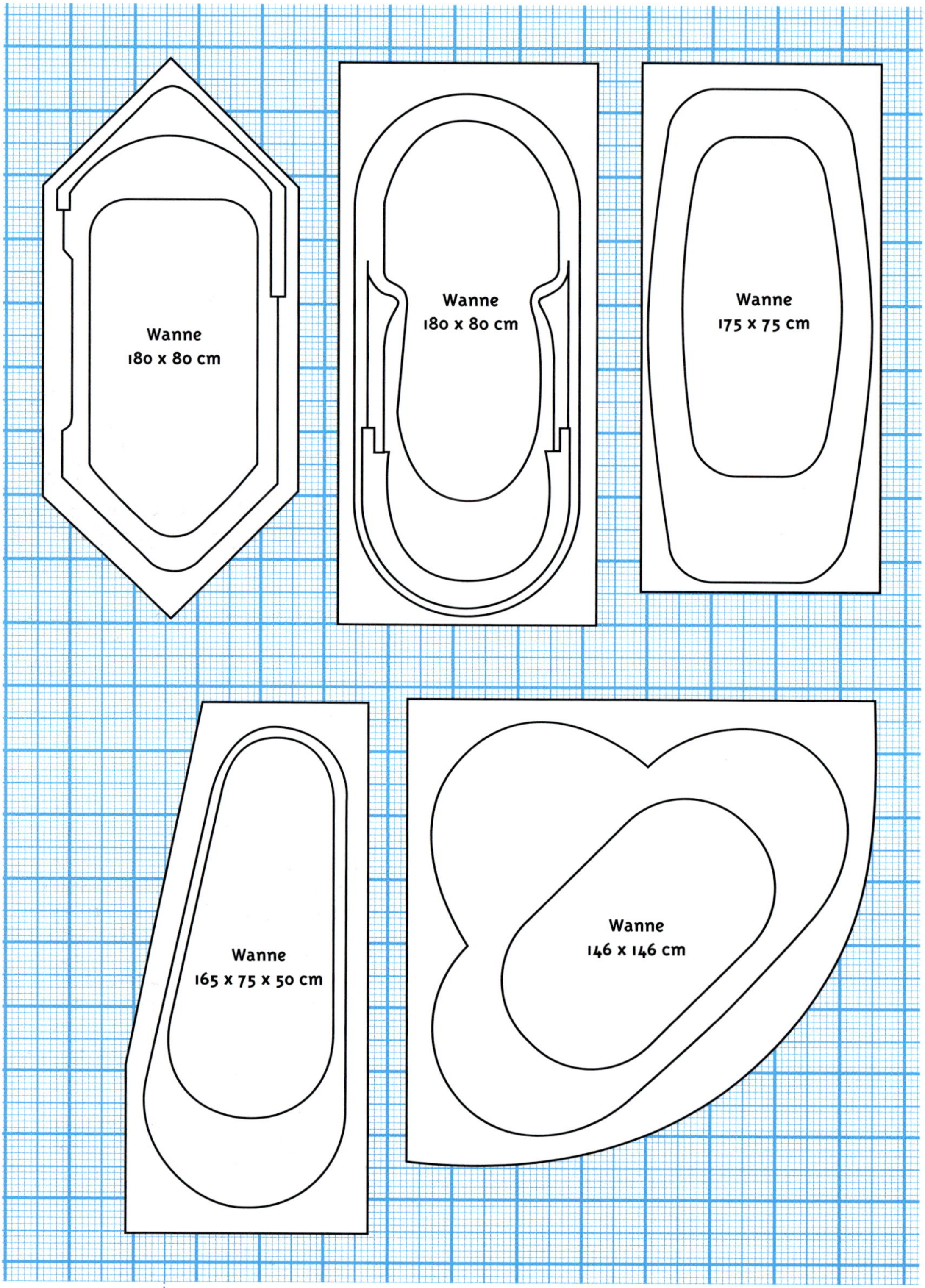
Wanne
180 x 80 cm
Wanne
180 x 80 cm
Wanne
175 x 75 cm
Wanne
165 x 75 x 50 cm
Wanne
146 x 146 cm

## Machen Sie sich ein Bild von Ihrem neuen Bad

Die auf den vorhergehenden Seiten dargestellten Abbildungen gängiger Sanitärobjekte können Sie kopieren und dann für Ihre Planspiele verwenden. Messen Sie dazu zunächst den gegebenen Raum aus bzw. übernehmen Sie die Maße der Bauzeichnung und übertragen diese dann im Maßstab 1:20 (1 m im Original entspricht 5 cm in der Zeichnung) auf einen Bogen Millimeterpapier. Schieben Sie die ausgeschnittenen Sanitärteile auf dem Grundriss hin und her, bis Sie die optimale Lösung gefunden haben.

**Oben:**
**Ein ausgefallenes Waschbecken mit breiten Ablagen rechts und links. Hierfür brauchen Sie deutlich mehr Platz als üblich**

**Mitte und links:**
**Zwei „Traumbäder", bei denen mit dem Platz nicht gespart werden mußte. Bei der links dargestellten Lösung wurde ein großer Dachraum mit Fensterflächen in den Schrägen zum Badezimmer ausgebaut**

# Alte Bäder gekonnt modernisieren

Am Anfang steht eine detaillierte Bestandsaufnahme. Wenn Modernisierungen im Bad anstehen, ist es nicht sinnvoll, neue Fliesen zu verlegen oder moderne Armaturen zu montieren, wenn das vorhandene Leitungssystem nicht mehr in Ordnung ist.

Auffällige Druckverluste in den Leitungen weisen auf Inkrustierungen hin. Sie bestehen aus Kalk und Korrosionsprodukten und verengen als massive Ablagerungen die Querschnitte der Wasserrohre. Irgendwann kommt es dann zum regelrechten „Infarkt: An den Zapfstellen, die von den verstopften Rohren versorgt werden, fließt nur noch ein Rinnsal durch den Hahn. Ein durch derart starke Inkrustierungen belastetes Leitungssystem muss komplett erneuert werden.

Sind in den letzten Jahren Rohrbrüche durch Korrosion zu verzeichnen gewesen? Wenn ja, ist ebenfalls die Komplett-Erneuerung der Wasserleitungen dringend zu empfehlen.

**Ein typisches Althausbad mit freistehender Wanne und WC mit Hochspülkasten**

## Mehr Bade-Komfort durch eine neue Raumaufteilung

Typisch für Altbauten sind schlauchförmige Bäder, bei denen der vorhandene Raum wenig effizient genutzt wird. Es gibt meist keine Dusche, und die Toilette steht ohne Sichtschutz mitten im Raum. Durch eine geschickte Neuaufteilung des Raums lässt sich die Grundfläche meist viel besser nutzen. Die rechts abgebildeten Zeichnungen zeigen eine beispielhafte Lösung: Wanne, Toilette und Waschbecken blieben am gleichen Platz, wurden aber durch neue Elemente ersetzt. Neben der Tür fand noch eine zusätzliche Dusche Platz.

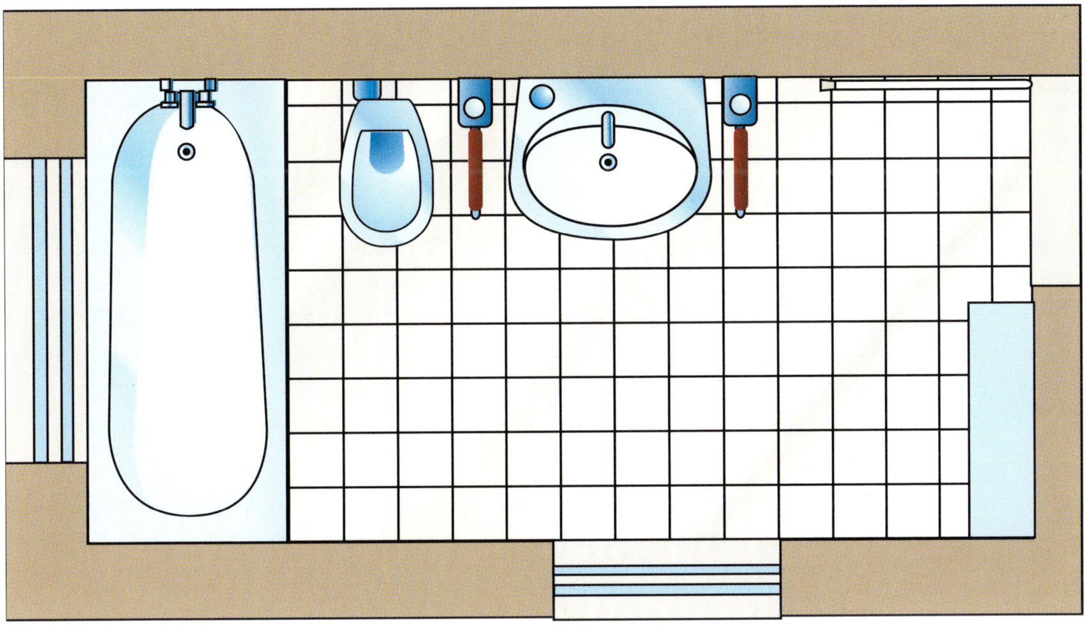

Vorher: Wanne, Toilette und Waschbecken füllen den hinteren Bereich des Badezimmers aus, während vorn neben der Tür eine Menge Platz vergeudet wird, weil man dort nur einen Schrank aufgestellt hat. Nachteile: Duschen kann man nur in der Wanne; die Toilette liegt im direkten Blickfeld; das Waschbecken hat keine seitlichen Ablageflächen

Nachher: Neben der Tür wurde eine zusätzliche Eckdusche eingebaut, ohne dass der Durchgangsweg zu eng geworden wäre. Das WC versteckt sich nun hinter einer Trennwand, die wiederum Platz schafft für einen großzügigen Eckwaschtisch, der mit einem Spiegelschrank und einem Unterbau aus Badmöbeln kombiniert wurde

# Optimale Lösungen durch moderne Technik

Die Architekten haben früher bei der Badplanung versucht, mit möglichst wenig Installationsaufwand auszukommen. Waschbecken, WC, Wanne und Dusche wurden hübsch längs einer Wand aufgereiht, um eine möglichst effiziente Leitungsführung zu erreichen. Dass dabei Platz vergeudet und der Komfort eingeschränkt wurde, nahm man ganz einfach in Kauf.

**Elegante Eckduschen fügen sich platzsparend in eine Raumecke, bieten dabei aber ausgesprochen viel Bewegungsfreiheit**

## Neue Installationstechnik befreit von Bauzwängen

Durch Installationswände und Vorwandinstallation sind heute ganz neue, überraschende Badgestaltungen möglich – mit spürbarer Verbesserung der Funktionen und mit mehr Möglichkeiten, ungünstige Badgrundrisse auszugleichen oder fehlende Quadratmeter durch geschickte Anordnung der Sanitärobjekte vergessen zu machen.

Man kann beispielsweise halbhohe Installationswände beliebig weit in den Raum vorspringen lassen. Dadurch wird der Raum in Funktionsbereiche gegliedert, und man kann gleichzeitig die Sanitärobjekte frei positionieren.

## Sockellösungen lassen Abflussrohre verschwinden

Während Warm- und Kaltwasserleitungen mit relativ geringem Aufwand vor oder in der Wand verlegt werden können, um zusätzliche Sanitärobjekte anzuschließen oder deren Position zu verändern, ist die Verlegung von Abwasserleitungen schwieriger. Hier können Sockel oder Podeste die beste Lösung sein. Die Rohre verlaufen im Inneren solcher Aufbauten über dem alten Bodenniveau und können problemlos an vorhandene Leitungen angeschlossen werden. Das erforderliche Gefälle beträgt nur etwa 1 cm pro Meter.

Für absolute Problemfälle – nämlich WCs, die man in größerer Entfernung zum vorhandenen Fallrohr platzieren möchte – gibt es mittlerweile auch praktikable Lösungen: WC-Förderanlagen. Sie brauchen zum neuen Toilettenstandort nur eine Kaltwasserleitung für die Spülung zu legen. Außerdem benötigen Sie dort einen Stromanschluss. Die Fäkalien werden in dem Spezial-WC nach dem Spülen in einem absolut geruchsneutral gekapselten Behälter zerkleinert und über eine Rohrleitung von nur 60 mm Durchmesser zum nächsten Fallrohr gepumpt. Waschbecken oder Dusche können mit angeschlossen werden.

**Den Grundriss des Badezimmers hat man hier optimal ausgenutzt. Alle Leitungen verbergen sich in halbhohen Installationsmodulen, die mit Gipskartonplatten verkleidet und dann gefliest wurden. Eine vorspringende Installationswand dient zudem als Raumteiler**

2

# Installations-Technik

# Rohre für Kalt- und Warmwasser

Mit rund 70% Marktanteil nehmen Kupferrohre bei der Hausinstallation nach wie vor den ersten Platz ein. Das in Ringen oder Stangen angebotene Material und die dazu passenden Fittings sind recht preiswert. Kupferrohr von der Stange ist steif. Für jede Richtungsänderung muss ein entsprechender Winkel eingelötet werden. Das Material vom Ring dagegen ist biegeweich. Für die Unterputzverlegung wählt man statt der blanken Ausführung besser Rohre mit einer dünnen isolierenden Kunststoffumhüllung.

Kupferrohr wird am besten durch Weichlöten miteinander verbunden. Die bei Handwerkern nach wie vor beliebte Technik des Hartlötens (Bild links) erfordert höhere Temperaturen. In vielen Gebieten ist Hartlöten aber verboten, weil hartgelötete Rohre bei bestimmten Zusammensetzungen des Trinkwassers zu Lochfraß neigen. Bei weichgelöteten Rohren dagegen besteht diese Gefahr nicht.

Weichlöten von Kupferrohren ist leichter, als man denkt. Die Lötstellen werden mit Stahlwolle metallisch blank gemacht. Damit sich das Lötzinn optimal mit den zu verbindenden Flächen vernetzt, streicht man diese hauchdünn mit sogenanntem Flussmittel ein, das eventuell vorhandene Oxidationsschichten beseitigt. Dann werden die Kupferteile zusammengefügt und in der korrekten Position

**Verschiedene Rohrmaterialien: Kupferrohr, Kunststoffrohr zum Kleben (PVC) und VPE-Rohr mit Mantelrohr (links). Unten: Kupferrohr mit Fittings – so nennt man die Verbindungsstücke**

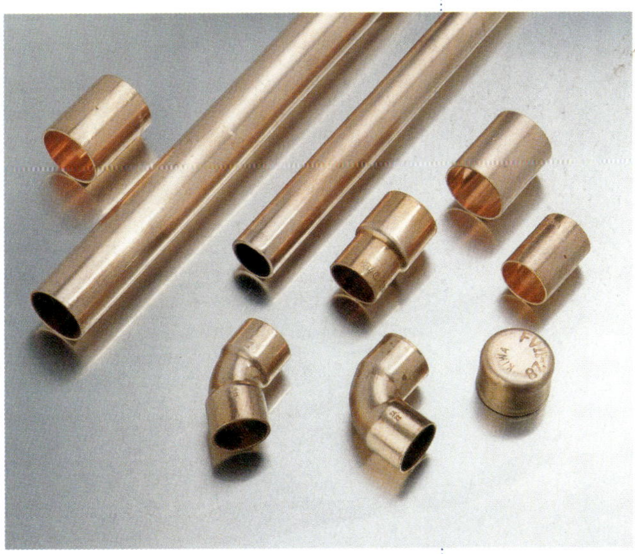

Die zu verbindenden Flächen müssen vor dem Weichlöten metallisch blank gemacht werden (links). Dann gibt man Flussmittel (Lötfett) an, das für eine optimale Haftung des Lots sorgt (rechts)

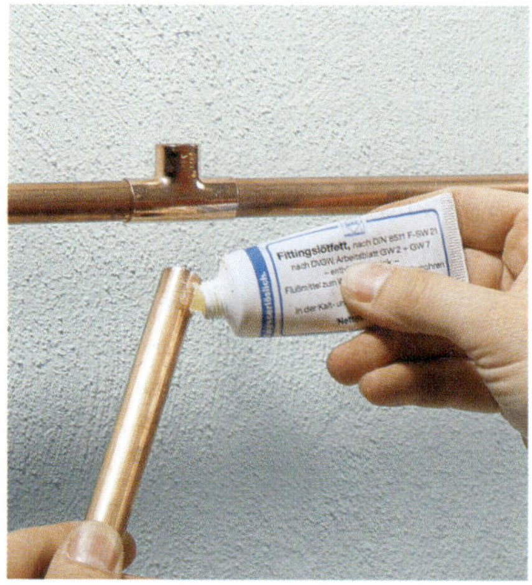

Die Lötstelle wird mit der Gasflamme gleichmäßig erwärmt (links). Die fürs Weichlöten richtige Temperatur ist erreicht, wenn das Lot beim Kontakt zum erhitzten Rohr schmilzt und in die Fuge fließt (rechts). Für Kupferrohre gibt es heute auch schon Klemmverbindungen (unten)

fixiert. Mit der Flamme eines Gaslötbrenners wird die Lötstelle nun gleichmäßig erwärmt. Die Flamme soll einen weißen, kegelförmigen Kern mit blauem Mantel aufweisen. Die richtige Temperatur ist erreicht, wenn das Lot bei Kontakt mit dem erwärmten Rohr schmilzt. Anschließend hält man das Lot an die Fuge zwischen Rohr und Fitting. Durch Kapillarwirkung fließt es in den Zwischenraum, erstarrt dort und verbindet so die Teile.

## Rohre aus Kunststoff

Mehr und mehr setzen sich heute Kunststoffrohre für die Trinkwasserinstallation durch. PVC-Rohre werden heimwerkerfreundlich geklebt, so genannte VPE-Rohre aus vernetztem Polyethylen werden durch Klemmfittings verbunden. VPE-Rohre setzt man vor allem in Verbindung mit der sogenannten Vorwand-Installation ein. Meist handelt es sich dann um Rohr-in-Rohr-Systeme. Dabei stecken die Druckrohre aus VPE in einem elastischen Schutzrohr. Diese Ummantelung der wasserführenden Leitung sorgt für eine gute Wärme- und Schallisolierung. Fließgeräusche werden weitgehend unterdrückt. Und kommt es einmal zu einer mechanischen Beschädigung einer im Rohr-im-Rohr-System verlegten Leitung, ist die fällige Reparatur ganz problemlos. Sie müssen lediglich die beiden Verbindungsstellen des betreffenden Rohres lösen, ziehen es dann aus dem Schutzrohr heraus und führen ein passendes Ersatzstück ein.

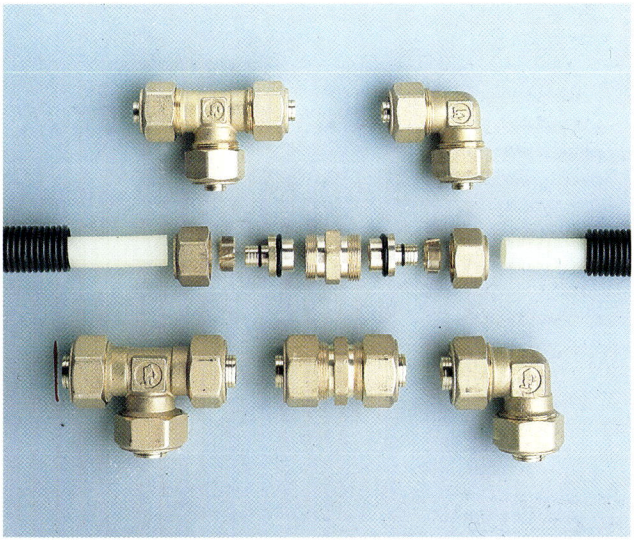

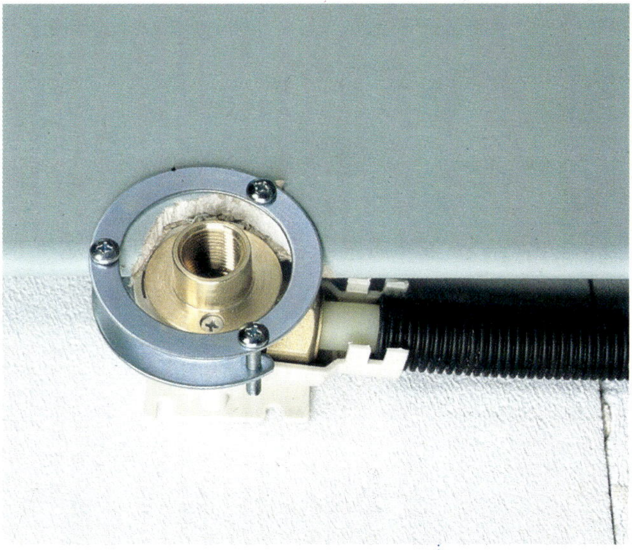

Für das Rohr-in-Rohr-System gibt es Messingfittings für jeden Einsatz (oben). Spezielle Anschlussdosen setzt man bei der Unterputz-Installation ein (unten)

### SICHERHEITS-TIPP

**In vielen Altbauten besteht das vorhandene Leitungssystem aus verzinkten Stahlrohren. Sind diese Rohre noch durchweg in Ordnung, besteht kein Anlass, sie komplett auszutauschen. Allerdings sollte man bei Ergänzungen der Leitungen im Zuge von Modernisierungsmaßnahmen kein Kupferrohr einsetzen, weil sich die beiden Metalle nicht vertragen und es aufgrund chemischer Prozesse zu Lochfraß kommen kann. Arbeiten Sie bei Ergänzungen zu Stahlrohr-Systemen also stets mit Kunststoffrohren. Für die Übergänge liefern die Hersteller der verschiedenen Kunststoffrohre spezielle Adapterteile. Vor dem Verputzen neuer Leitungsteile wird eine Kontrolle auf etwaige Leckstellen durchgeführt.**

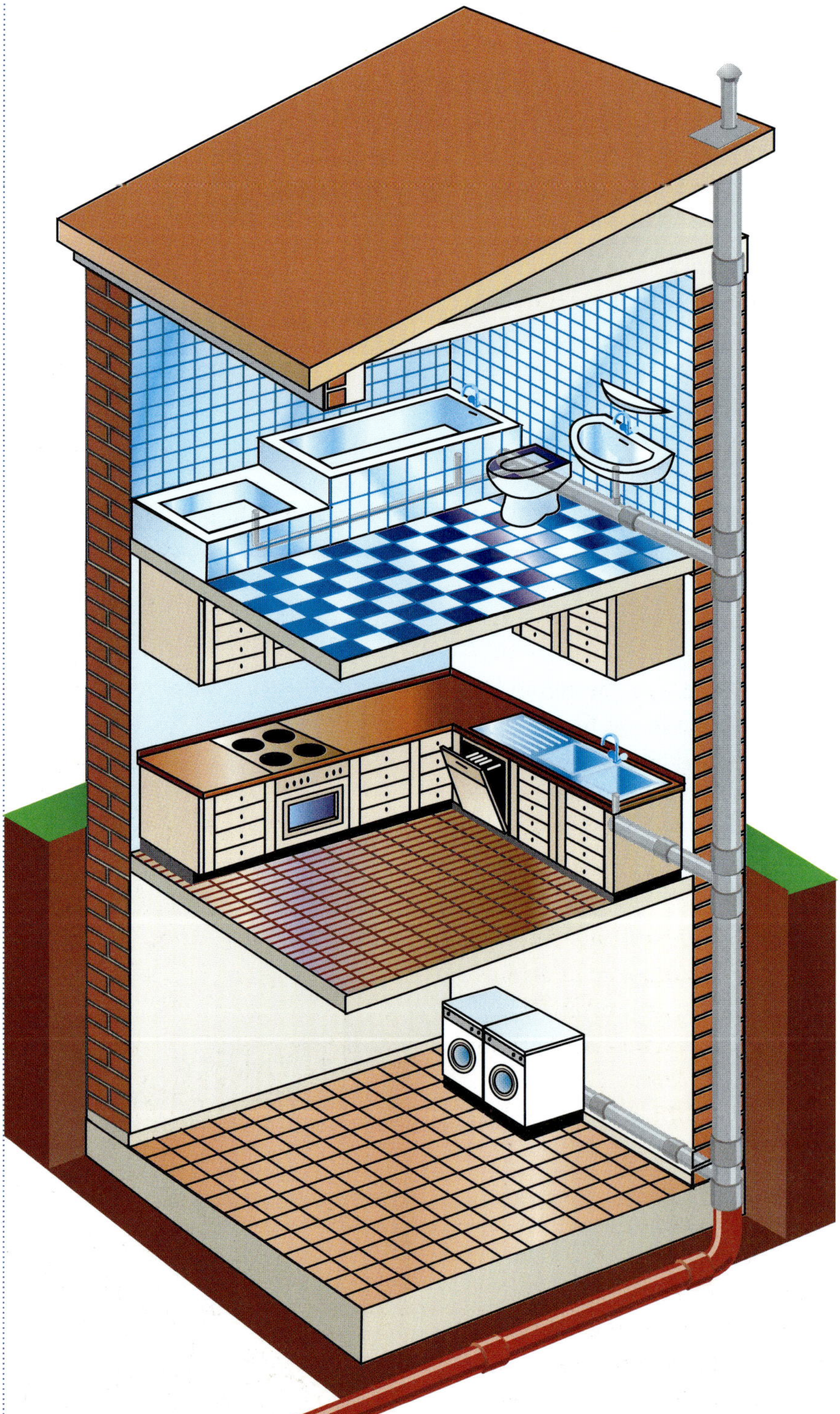

Das Abwassersystem eines typischen Hauses in der schematischen Darstellung. Ein Hauptfallrohr vereinigt die Abwässer der verschiedenen Bereiche. Die im Erdreich verlegten Rohre, welche die Verbindung zum Abwasserkanal herstellen, sind nicht grau wie die oberirdischen Teile, sondern rot

# Abwasserleitungen aus Kunststoffrohr

Abwasserleitungen bestehen heute in der Regel aus Kunststoff: Die grauen hoch temperaturbeständigen HT-Rohre sind preiswert, langlebig und besonders leicht zu verarbeiten. Die einzelnen Rohrstücke haben jeweils an einem Ende eine Muffe mit Dichtring und werden mit Hilfe eines Gleitmittels zusammengesteckt. Zuschnitte können mit einer feinzahnigen Säge – am besten in einer Gehrungslade – erfolgen. Anschließend schrägt man die Sägekante mit Feile oder Raspel leicht an, damit sich das Rohr besser in die Muffe einschieben lässt.

Bei Umbauten oder Modernisierungsmaßnahmen ist der Anschluss an das bestehende Abflusssystem normalerweise kein Problem. In ein vorhandenes Fallrohr beispielsweise können Sie mit einer Überschiebemuffe einen Abzweig einsetzen. Von hier aus legen Sie dann Anschlussleitungen zu den Verbrauchsstellen: Für WC- und Sammelleitungen werden Rohre mit der Nennweite DN 100 (entspricht 100 mm Innendurchmesser) verwendet, für Waschbecken, Dusche etc. DN 50-70 (je nach den konkreten Erfordernissen). Das Gefälle zum Fallrohr sollte etwa 1% betragen. Zu große Durchmesser der Rohre sind nicht sinnvoll, da sich dann aufgrund mangelnder „Schwimmtiefe“ Ablagerungen bilden können. Wichtig: In Fließrichtung darf der Rohrdurchmesser niemals verringert werden.

**Oben: Ein Abflussrohr wird mit Schellen auf dem Boden montiert. Mit der Wasserwaage muss man das Gefälle kontrollieren.**
**Unten: Anschluss eines Abzweigs ans Hauptrohr**

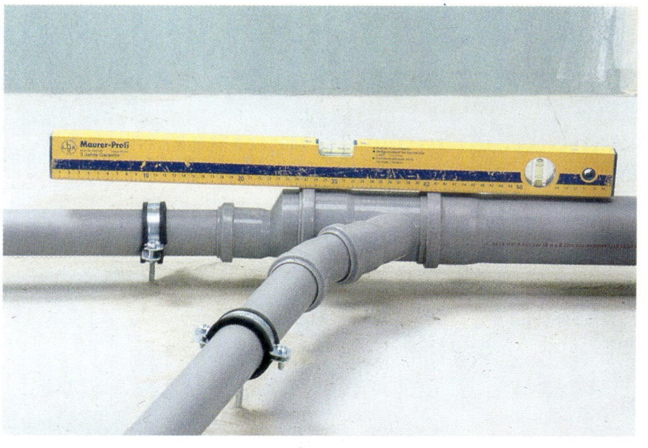

# Vorwand-Installation mit Modulen

Ein traumhaftes Badezimmer ist entstanden. Nur der umlaufende Sockel verrät, dass hier mit Modulen für die Vorwand-Installation gearbeitet worden ist

Ob bei Neubau oder Altbau: Früher stand vor dem Verlegen von Wasserleitungen immer die mit Schmutz und Lärm verbundene Stemmarbeit. Für jedes Rohr galt es, einen ausreichend tiefen Schlitz ins Mauerwerk zu stemmen. Heute können Sie diese schweißtreibende Schwerstarbeit vergessen. Man baut ganz einfach eine meist halbhohe Wand vor die richtige Wand und lässt dahinter alle Rohrleitungen, Verteiler und Anschlüsse verschwinden, ohne die eigentliche Bausubstanz anzutasten. Die Module, die von der Industrie für diese Installations-Technik entwickelt wurden, sind so einfach zu montieren, dass ein geschickter Heimwerker damit sehr gut zurechtkommt.

Es gibt spezielle Module für die verschiedenen Sanitärobjekte (WC, Bidet, Waschbecken etc.). Diese Installations-Einheiten sind mit allen Halterungen und Anschlüssen

ausgestattet, die man zur Befestigung und Inbetriebnahme des jeweiligen Sanitärobjekts benötigt. Bei der WC-Einheit ist sogar der Spülkasten integriert. Die Module werden einfach dort an der Wand befestigt, wo man die betreffenden Elemente braucht – völlig unabhängig von den bestehenden Wasser- und Abwasseranschlüssen. Neben den Modulen gibt es raumhohe Schacht-Elemente, die man als Dusch-Modul, als raumtrennende Installationswand oder auch als Alternative zum gemauerten Installationsschacht einsetzen kann.

Sind alle Module eines Badezimmers montiert und ausgerichtet, werden die sogenannten Zwischenträger gesetzt: Mit ihnen überbrücken Sie die Lücken zwischen den Modulen, damit man einen durchgehenden Unterbau zur späteren Befestigung der Gipskarton-Verkleidungsplatten erhält.

## Flexible Kunststoffrohre für Warm- und Kaltwasser

Nach dem Aufstellen der Module werden die Wasserleitungen verlegt: flexible Kunststoffrohre, die man einfach von der Rolle abschneidet und mit Klemmfittings aus Messing verschraubt. Löten ist nicht erforderlich. Spezielle Adapter ermöglichen den Anschluss ans vorhandene Leitungssystem.

Zum Schluss verkleiden Sie die gesamte Vorwand-Konstruktion mit Gipskartonplatten.

**Die Installations-Module werden vor der Wand aufgestellt und in der vorgesehenen Position befestigt**

**Sind die Abstände zwischen zwei Elementen größer als 60 cm, sorgt ein Leer-Element (hier an der linken Wand) für die notwendige Stabilität**

**Nun können bereits die Leitungen für Zu- und Abwasser montiert werden**

**Die Installations-Module werden mit Gipskartonplatten verkleidet. Das Ausmauern entfällt**

Bei diesem Installationssystem sind die Verkleidungsplatten für die jeweiligen Elemente passgenau vorgefertigt und mit allen Ausschnitten versehen

Anschließend erfolgt die Verkleidung der Element-Zwischenräume mit einlagigen Gipskartonplatten. Danach kann der Sockel bereits gefliest werden

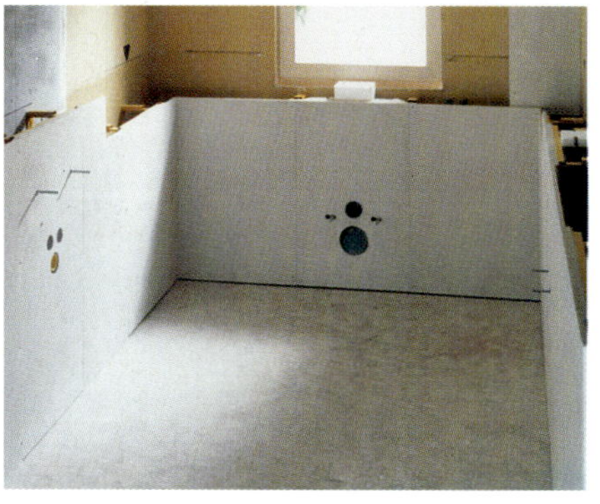

## Fast alles spricht für die Vorwand-Installation

Die Kosten für die Vorwand-Installation sind mit mehreren hundert Mark pro Modul nicht gerade gering. Außerdem verliert man durch den etwa 20 cm tiefen Vorbau auch etwas Raum. Dafür schlagen Arbeitserleichterung und Zeitersparnis zu Buche. Und es gibt noch eine ganze Reihe weiterer Vorteile:

- Vorwand-Installation ist eigentlich ein „Muss", weil das Stemmen von Schlitzen für Installationsleitungen gegen die Mauerwerks-DIN verstößt.
- Man hat weitgehende Freiheit bei der Planung des Bads, weil man bei der Platzierung der Sa-

nitärobjekte von baulichen Gegebenheiten unabhängig ist.

- Es gibt wenig Schmutz und kaum Lärmbelästigung.
- Alle Versorgungsleitungen können ohne Kontakt zum Baukörper verlegt werden, was eine aufwendige Schalldämmung überflüssig macht.
- Vorwand-Installation ermöglicht den problemlosen Einbau von Revisionsöffnungen: Das gesamte Rohrleitungssystem bleibt damit für den Fall der Fälle zugänglich.
- Durch die Trockenbauweise entfallen die ansonsten notwendigen Austrocknungszeiten. Die auf der Unterkonstruktion verschraubten Gipskartonplatten können sofort mit Fliesen beklebt werden.

**Auch in Ständerwänden für den Trockenausbau lassen sich Installationen und Aufhängetraversen für Sanitärobjekte unterbringen**

**Zu allen Trockenausbausystemen gehören heute Module für die Vorwand-Installation (links). Ein Beispiel aus der Modernisierungspraxis: Vorwandmodule wurden auf die alten Wände montiert (unten)**

3

# Trennwände bauen

# Porenbeton oder Trockenausbau-Systeme

Die für die Gliederung eines Badezimmers in verschiedene Funktionsbereiche erforderlichen Zwischenwände müssen keinesfalls aus schweren Mauersteinen bestehen. Sie wählen stattdessen besser großformatige Steine aus Porenbeton. Dieses leichte und dabei völlig homogene Material lässt sich mit einer Handsäge ohne weiteres durchtrennen, um die beim Mauern erforderlichen Pass-Stücke herzustellen. Sind später Schlitze notwendig, können Sie diese mit einfachen Fräswerkzeugen schnell herausarbeiten.

Für leichte nichttragende Innenwände und zum Verkleiden von Duschtassen, Wannen etc. werden sogenannte Planbauplatten eingesetzt. Bei Dicken von 50, 75 und 100 mm sind diese Platten in Größen bis zu 499 x 749 mm erhältlich.

Mit Planbauplatten errichtete Trennwände erfordern durch ihr geringes Eigengewicht in der Regel keine Verstärkung der vorhandenen Tragkonstruktion. Die glatte Steinoberfläche macht ein Verputzen der Wand überflüssig. Spachteln genügt. Danach können Sie bereits Fliesen aufkleben.

**Spezielle Anker aus Edelstahl stellen die Verbindung der Trennwand zum alten Baukörper her (links). Wie das Bild nach dem Umbau zeigt, trennt die Leichtbauwand die Dusche ab und lässt rechts eine Nische entstehen, in der die Waschmaschine untergebracht werden kann (unten)**

Das Dachgeschoss eines in Holzständerbauweise errichteten Hauses vor dem Innenausbau (links): In eine vorbereitete Trennwand wird hier das Modul für ein WC integriert (rechts)

Von der Rückseite sieht man die im Ständerwerk untergebrachten Zuleitungen. Eine Seite ist bereits beplankt (links). Die Dusche soll in einer umbauten Nische untergebracht werden. Im Boden ist schon der Ablauf der Duschtasse zu sehen (rechts)

Hier eine Trennwand mit Türöffnung, die beim Dachausbau eines Fertighauses den Badbereich abtrennt (links). Ist eine Seite beplankt, erfolgt die Ausfachung mit Dämmplatten, dann geht's an die Verkleidung der Gegenseite (rechts)

## Mit Gipskartonplatten verkleidetes Ständerwerk

Auch im Nassbereich – ob bei der Althaus-Modernisierung oder beim Neubau – können Sie problemlos mit Trockenausbau-Elementen arbeiten. Das tragende Gerüst für Trennwände oder Vorsatzschalen bilden dabei Ständerwerke aus Kanthölzern oder speziellen Metallprofilen. Das Innenleben der Wand kann zur Unterbringung von Leitungen genutzt werden. Verbleibende Hohlräume füllen Sie – nachdem eine Seite beplankt wurde – mit Mineralfaserplatten.

Anschließend wird das Ständerwerk auch von der anderen Seite mit Gipskartonplatten bekleidet. Wichtig ist, dass Sie im Nassbereich feuchtraumgeeignete Platten verwenden und alle Rohraustritte etc. nach dem Verfliesen sorgfältig mit Silikon ausspritzen, damit kein Wasser ins Innere der Konstruktion dringen kann.

## Deckenkonstruktionen in Trockenbauweise

Mit Trockenbausystemen abgehängte Decken können in Badezimmern attraktive Akzente setzen, beispielsweise, wenn Halogenstrahler eingebaut werden.

Die Bilder rechts zeigen eine gewölbte Deckenkonstruktion über der Badewannen-Nische. Mit diesem gestalterischen Trick wurde der Raum hier optisch gegliedert.

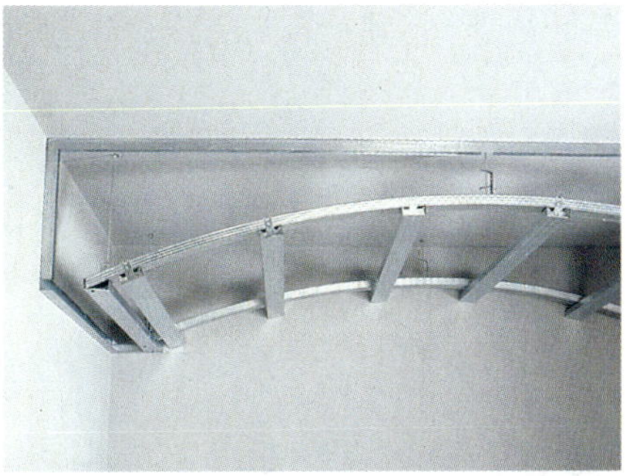

**Eine überaus attraktive Lösung: die Unterkonstruktion für eine gewölbte Decke**

**Gipskartonplatten werden auf die Unterkonstruktion geschraubt (links). Das Ergebnis ist ein echter Hingucker: Über der Wanne spannt sich eine gewölbte Decke (unten)**

4

# Dusche und Wanne

# So werden die Elemente fachgerecht eingebaut

Die Wanne ist nach wie vor das Herzstück der meisten Badezimmer. In der Benutzungshäufigkeit läuft ihr aber die Dusche längst den Rang ab. Schließlich ist das Bad unter dem prickelnden Brausestrahl besonders hygienisch und spart zudem kostbares Trinkwasser sowie teure Energie zum Aufheizen.

Statt einmal die Woche in satten 80 Litern Warmwasser zu planschen, erfrischt man sich heute lieber täglich mit nur 15 Litern aus dem Brausekopf der Dusche .

Um bei Neubau oder Renovierung eine Dusche fachgerecht einzubauen, brauchen Sie keinen Handwerker. Unsere Schritt-für-Schritt-Fotos zeigen Ihnen genau, wie's gemacht wird.

Etwas aufwendiger, aber dafür preiswerter, ist das Ummauern der Duschtasse mit Porenbeton-Steinen. Sie stellen die Duschtasse dabei in die vorgesehene Nische, schließen den Siphon an das Abwasserrohr an und bringen die Tasse durch Verstellen der Füße in die Waage. Mit passend zugeschnittenen Platten aus 6 cm dickem Porenbeton untermauern Sie dann die Duschtasse ringsum.

**Nachdem der Ablauf vorbereitet ist, stellen Sie die Duschtasse in die vorbereitete Ecke und setzen sie durch Verstellen der Füße in die Waage (links). Dann wird die Duschtasse mit passend zugeschnittenen Platten aus Porenbeton untermauert (unten)**

Sanitärobjekte aus Metall (links) müssen zum elektrischen Spannungsausgleich geerdet sein (Elektriker einschalten!). Eine Arbeitserleichterung bringen Wannenträger aus Hartschaum (rechts)

Ist das Loch für den Abfluss geschnitten, wird der Träger mit Fliesenkleber am Boden fixiert (links). Jetzt können Sie die Dusche einsetzen und mit dem Ablauf verschrauben (rechts)

Für die Revisionsöffnung wird ein Loch in den Hartschaum geschnitten (links). Nun geht es bereits ans Vorbereiten des Fliesenuntergrunds mit einem Dichtanstrich (rechts)

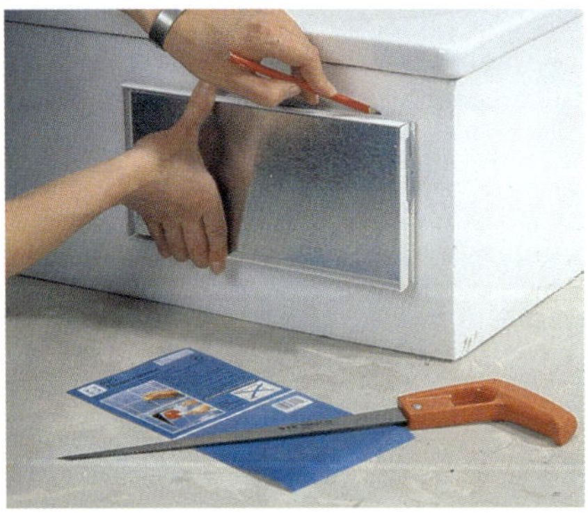

Mit dem Quast wird der Dichtanstrich auf das Mauerwerk aufgetragen (links). In den Eckbereich kommt als zusätzliche Sicherung ein elastisches Dichtband (rechts)

Zum Verbinden der Platten können Sie handelsüblichen Fliesenkleber benutzen, den Sie ja ohnehin besorgen müssen. Denken Sie daran, dass die Untermauerung so weit zurückspringen muss, dass der Tassenrand noch über den späteren Fliesenbelag ragt.

Wenn Sie auf Nummer Sicher gehen wollen, bauen Sie eine Revisionsöffnung ein, um bei Abflussproblemen schnell an die Rohre herankommen zu können.

Wer sich den Einbau erleichtern will, kauft sich einen geeigneten Wannenträger aus Hartschaum, der mit Fliesenkleber auf dem Boden fixiert wird. Für den Ablauf müssen Sie zuvor ein passendes Loch in den Hartschaum schneiden.

Aus der Ecke heraus wird der Fliesenbelag aufgeklebt (oben). Die Marmorfliesen muss man mit einem Nassschneider trennen (links). Zuletzt spritzen Sie die Anschlussfugen mit Silikon aus (rechts)

Nun werden die Duscharmatur und die Brausestange montiert (links). Dann können Sie die Duschabtrennung aufbauen (rechts)

## Eine Eckdusche aus Kunststoff montieren

Die Wanne der im linken Bild gezeigten Eckdusche besteht nicht aus Stahl, sondern aus hochwertigem Acryl. Dieses Material ist elastisch und fühlt sich nicht so kalt an wie Metall.

Weder Wannenträger noch Untermauerung sind hier erforderlich. Zur Duschwanne gehören fünf durch ein Metallkreuz verbundene Füße, die sich einzeln verstellen lassen. Diese Füße stellen Sie probeweise auf und richten sie aus. Dann wird zunächst die Duschecke komplett gefliest. So erspart man sich das mühsame Anpassen der Fliesenformate an die Duschwanne. Alle Anschlussfugen müssen Sie aber sorgfältig versiegeln.

**Die verstellbaren Füße werden probeweise aufgestellt und ausgerichtet (links). Nun kann man die Duschecke durchgehend bis zum Boden verfliesen (rechts)**

**Die justierten Füße werden unter die Wanne geschraubt, die man dann in die Ecke setzt und mit dem Abfluss verbindet (links). Zuletzt werden die Fugen versiegelt (rechts)**

## Luxusdusche und Whirlpool-Wanne

Das rechts gezeigte Badezimmer ist ein Beispiel dafür, dass Do-it-yourselfer sich durchaus auch an technisch anspruchsvolle Sanitärinstallationen heranwagen können. Ein großzügiger Dachraum wurde hier mit einer hochwertigen Eckdusche und einer Whirlpool-Wanne ausgestattet. Beide Produkte bestehen aus körperfreundlichem und dabei pflegeleichtem Acryl.

Bei der Dusche wird die Montage durch einen Strukturträger aus PU-Hartschaum besonders leicht gemacht. Die Wanne kann wegen des an der Unterseite befindlichen technischen Zubehörs nicht mit einem solchen Hartschaumträger geliefert werden.

**In den Strukturträger aus PU-Hartschaum wird mit der Handsäge ein Schlitz für den Überlauf geschnitten. Wanne und Träger sind bereits fest miteinander verbunden**

Der Überlauf und der Siphon des Ablaufs sind montiert (links). Mit Montageschaum wird der Duschwannenträger auf dem Estrich fixiert (rechts)

Die Dusche steht und ist mit dem Abflussrohr im Boden verbunden worden (links). In die hintere Raumecke wird nun die Whirlpool-Wanne gesetzt und ausgerichtet (rechts)

Mit Hilfe der Bodenschrauben lässt sich die Wanne exakt in die Waage stellen (links). Nach dem Untermauern der Wanne werden Fliesen aufgeklebt und die Fugen versiegelt (rechts und unten)

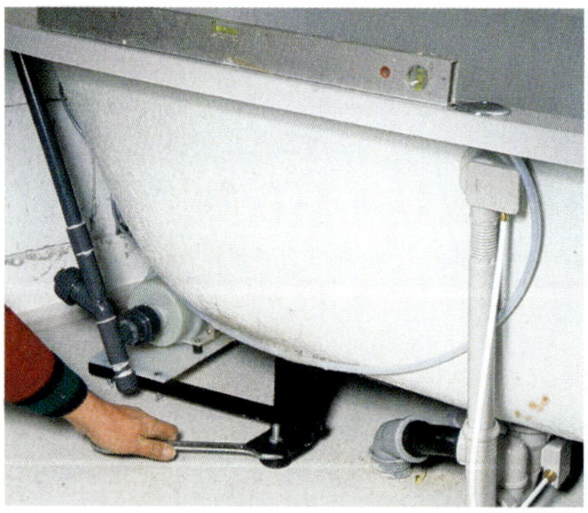

## Bad-Renovierung mit dem Wanne-in-Wanne-System

Oft sind im Bad nur die Wanne und Duschtasse mit den Jahren unansehnlich geworden. Ein kompletter Austausch wird aber wegen des Schmutzanfalls und etwaiger Fliesenschäden gescheut. Hier bietet sich das Wanne-in-Wanne-System als interessante Alternative an. Man braucht dazu allerdings einen Profi. Den anschließenden Austausch der Armaturen kann man aber selbst vornehmen.

Zunächst werden die Anschlüsse durch Auftrennen der Stahlwannen freigelegt. Dann klebt der Monteur die neuen Acryl-Einsätze mit Montageschaum ein.

**Zuerst wird an der alten Wanne Maß genommen, um den Renovierungseinsatz aussuchen und passgenau vorbereiten zu können**

**Die Seiten der Einbauwanne, die an der Wand anliegen, werden entlang der aufgeklebten Markierung zugeschnitten**

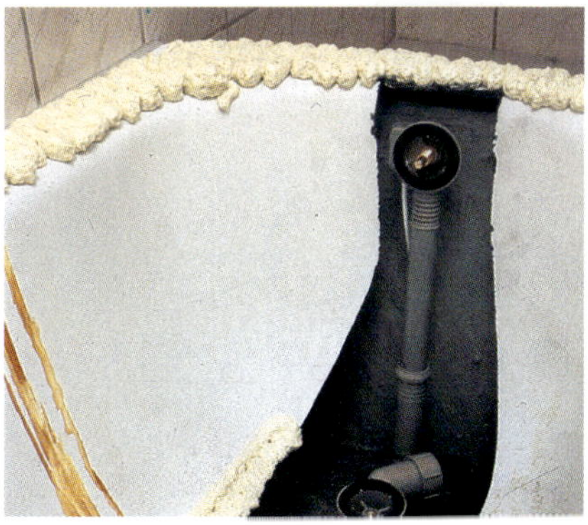

**Die alte Wanne wird aufgetrennt, um einen neuen Ablauf zu montieren (links). Dann gibt der Monteur Montageschaum auf den Rand (rechts) und setzt die neue Wanne ein (unten links)**

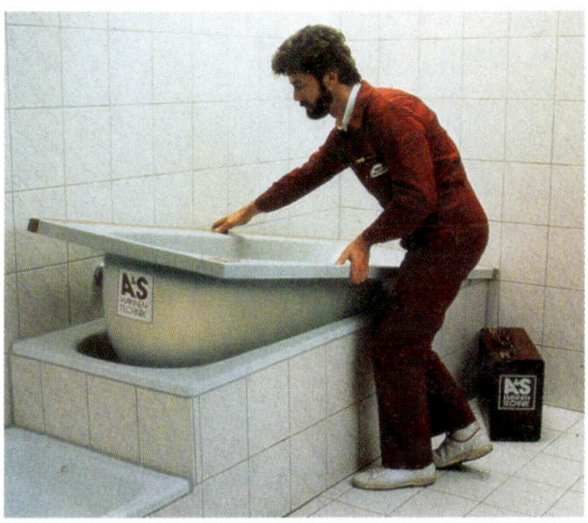

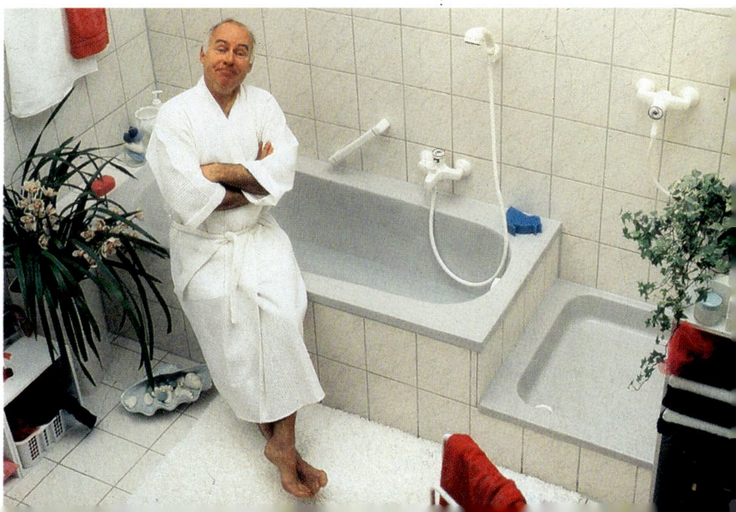

## Eine Duschabtrennung wird aufgebaut

Das tägliche Duschvergnügen wird erst perfekt, wenn eine sauber schließende Abtrennung das übrige Bad vor Überschwemmung schützt. Deshalb sollten Sie schon bei der Badplanung an eine optimale Abkapselung des Spritzbereichs denken. Für jeden Duschentyp werden heute exakt passende Abtrennungen angeboten: etwa für die links abgebildete Eckdusche mit runder Vorderseite oder die quadratische Eckdusche im unteren Bild.

Besonders praktisch, aber nicht so hell sind Duschen mit dreiseitig gefliesten Wänden wie im Montagebeispiel auf der rechten Seite. Hier muss lediglich die Vorderseite durch eine bewegliche Tür geschlossen werden können.

Wenn Sie die Einzelteile Ihrer jeweiligen Duschabtrennung zusammenbauen wollen, legen Sie die Rahmenteile aus Aluminium und die Kunstglas- oder Echtglasscheiben am besten auf eine Decke oder eine andere weiche Unterlage, damit die empfindlichen Oberflächen

**Der runde Eckeinstieg (oben) wird vormontiert, dann auf den Wannenrand gesetzt und mit den bereits lotrecht angedübelten Wandprofilen verschraubt**

**Die Eckdusche (siehe auch S.30) hat eine Abtrennung mit einer festen Echtglaswand und einem seitlichen Schiebetür-Element**

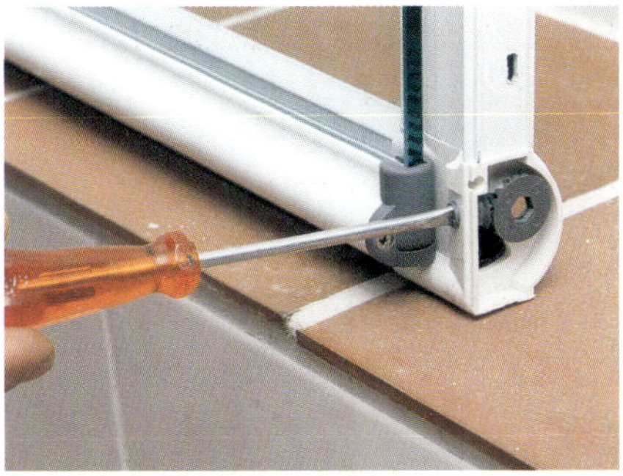

Die Montage der Schiebetür-Abtrennung: Der Rahmen wird ein wenig kleiner als das lichte Maß der Nische vormontiert. Dann setzen Sie ihn probeweise in die Öffnung und justieren die Stellschrauben nach, bis die Profile rundum sauber anliegen. Dann werden die Seiten angedübelt, die Dichtlippen eingesetzt und die Anschlussfugen versiegelt

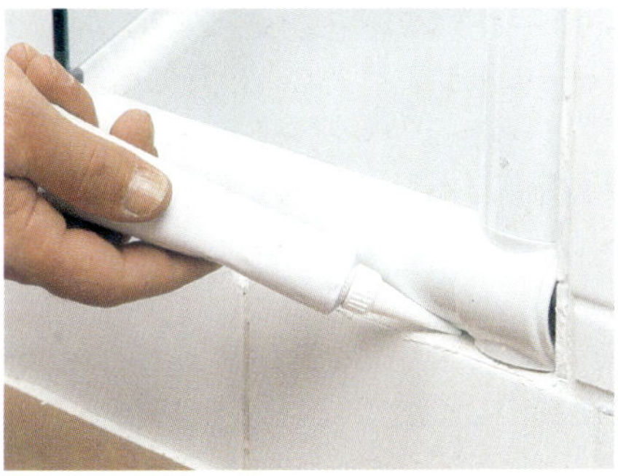

nicht verkratzen. Dann werden die Elemente nach Herstelleranleitung vormontiert.

Die Verbindung zu den gefliesten Wänden wird in der Regel durch ein angedübeltes U-Profil hergestellt. Dieses Profil müssen Sie exakt senkrecht anbringen. Beim Bohren in die Fliesen sollten Sie auf möglicherweise verborgene Leitungen achten. Im Zweifelsfall wird die Wand zuvor mit einem Leittungssuchgerät überprüft.

5

# Fliesen legen

# Der richtige Kleber sorgt für gute Haftung

Auf den meisten Untergründen können Sie mit hydraulisch härtenden Klebemörteln arbeiten, die auf Zementbasis hergestellt werden. Der Trockenmörtel wird nach Herstellerangabe mit Wasser zu einem klumpenfreien Brei angemischt. Hydraulisch härtende Mörtel werden im Dünnbettverfahren zwei bis sechs Millimeter stark mit der Zahnkelle aufgetragen. Sie eignen sich vor allem für formstabile, saugfähige Untergründe wie Beton oder Zementestrich.

Für Nassbereiche und alle arbeitenden Untergründe wie Trockenestrich-Elemente, Heizestrich, Faserzement- und Gipskartonplatten muss der hydraulisch härtende Klebemörtel mit Kunststoffzusätzen versehen werden, die ihn dauerhaft flexibel und gleichzeitig wasserundurchlässig machen.

Für normale Wandflächen und für das Verarbeiten von „Fliese auf Fliese" kommen fertig angemischte Dispersionskleber zum Einsatz, die ebenfalls flexibel aushärten.

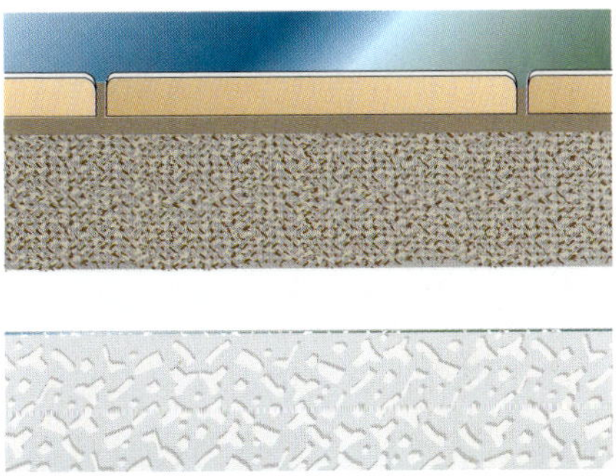

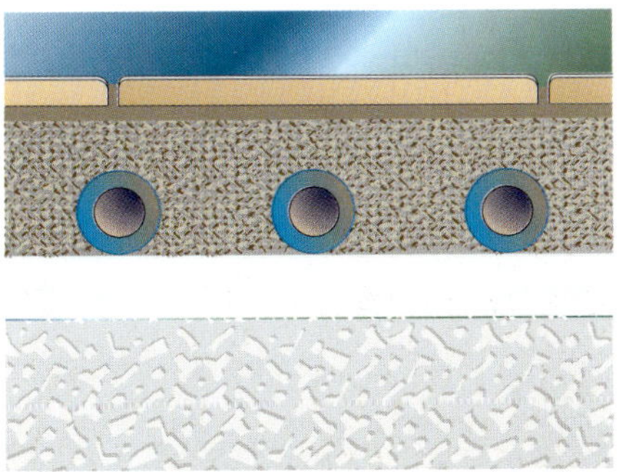

**Auf Estrich können Sie mit einem normalen Fliesenkleber auf Zementbasis arbeiten (links). Auf Heizestrichen ist kunststoffvergüteter Kleber erforderlich (rechts)**

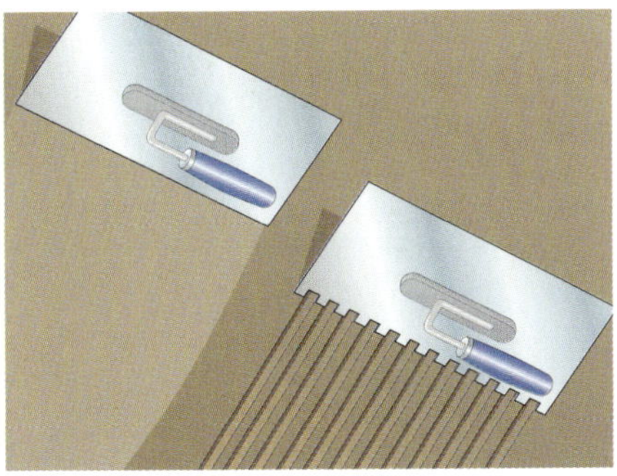

**Auch auf Trockenestrich-Elementen brauchen Sie flexiblen Kleber (links). Die Verarbeitung erfolgt mit Glättkelle zum Aufziehen und Zahnkelle zum Aufkämmen (rechts)**

# Verlegemuster für ein optimales Fliesenbild

Symmetrie heißt beim Verlegen von Fliesen im Sanitärbereich das Zauberwort. Ein perfektes Bild erzielen Sie, wenn die Sanitäranschlüsse und die Höhen der Sanitärobjekte beim Anreißen des Verlegerasters berücksichtigt werden.Wenn es ans Fliesenlegen geht, sind die betreffenden Anschlüsse in der Regel ja bereits vorhanden.

Waschbecken, WC und Bidet werden mit ihrer Mittelachse nach Möglichkeit auf eine Fliesenfuge oder auf die Plattenmitte gesetzt. Ist dies bei mehreren nebeneinander platzierten Objekten nicht durchgängig möglich, setzen Sie zumindest das dominanteste Sanitärobjekt – meist das in der Wandmitte befindliche Waschbecken – symmetrisch ins Fliesenraster. Die Rohranschlüsse liegen idealerweise im Fugenkreuz, in der Mitte einer Fliese oder auf der

**Bei rechtwinkligen Wänden markieren Sie die Mitte mit einem Lot und arbeiten von dort nach den Seiten (links). Außenkanten werden stets mit ganzen Fliesen belegt (rechts)**

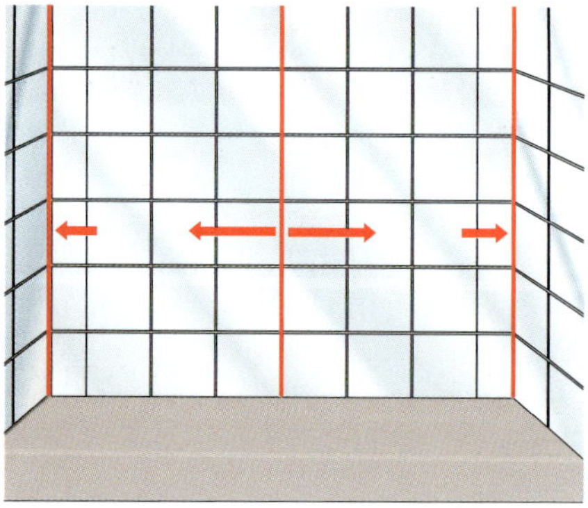

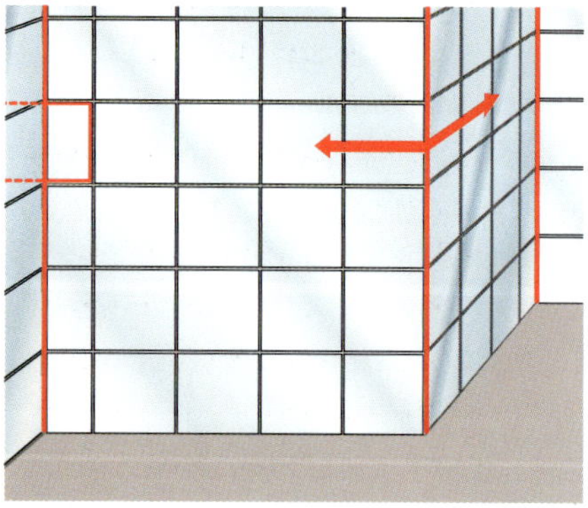

**Hier zeigen die Pfeile die Verlegerichtung bei Nischen und Vorsprüngen (links). Wand- und Bodenfliesen sollen nach Möglichkeit einen durchgehenden Fugenverlauf aufweisen (rechts)**

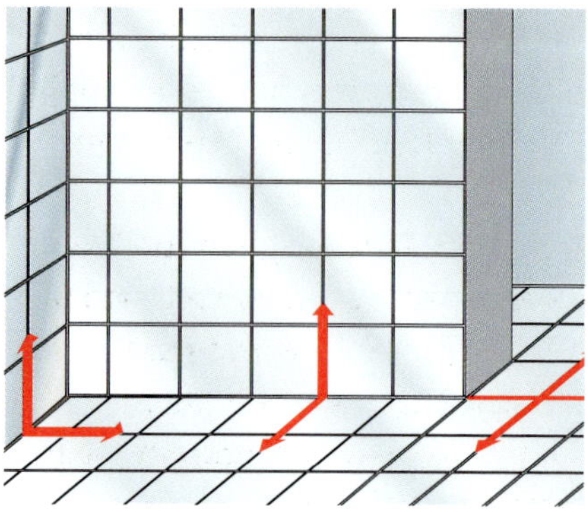

Hälfte der Fugenlänge. Bei den am häufigsten verwendeten Fliesen des Formats 150 x 150 mm ergibt sich bei 3 mm Fugenbreite eine Entfernung der beiden Mittelpunkte von 153 mm. Das Stichmaß (Mittenabstand) der Mischbatterien von Duschen und Wannen ist darauf abgestimmt.

Wenn Sie vor Beginn der Installationsarbeiten bereits wissen, welche Fliesenformate anschließend zum Einsatz kommen sollen, können Sie die Sanitäranschlüsse entsprechend platzieren. Zunächst müssen Sie sich dabei an der Raumgröße orientieren. Bei rechtwinkligen Wänden wird eine Fuge oder eine Fliesenmitte genau auf die Mitte der Wand gelegt. Die Randfliesen rechts und links sollten mindestens eine halbe Fliesenbreite aufweisen.

Die genauen Abstände der Sanitärobjekte ergeben sich dann aus der jeweiligen Fliesengröße. Beim Format 150 x 150 mm mit einer 3-mm-Fuge rechnen Sie also mit einem Rasterabstand von 153, 306, 459, 612 mm und so weiter. Die Achsabstände der Sanitärobjekte an der Wand richten Sie dann ganz einfach an diesem Raster aus und verlegen die Wasserrohre entsprechend.

Für die Verlegung von Bodenfliesen spannen Sie in rechtwinkligen Räumen mittig und parallel zu den Seitenwänden eine Richtschnur. Die erste Fliesenreihe wird daran ausgerichtet.

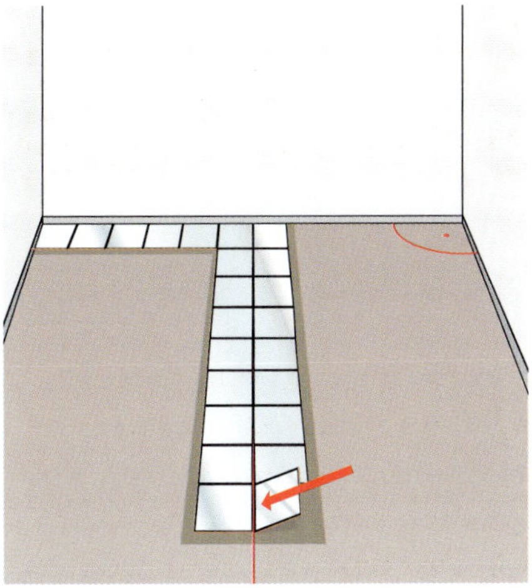

**Bodenfliesen richten Sie in rechtwinkligen Räumen an einer mittig und parallel zu den Seitenwänden gespannten Schnur aus. Dann zur Stirnwand übergehen**

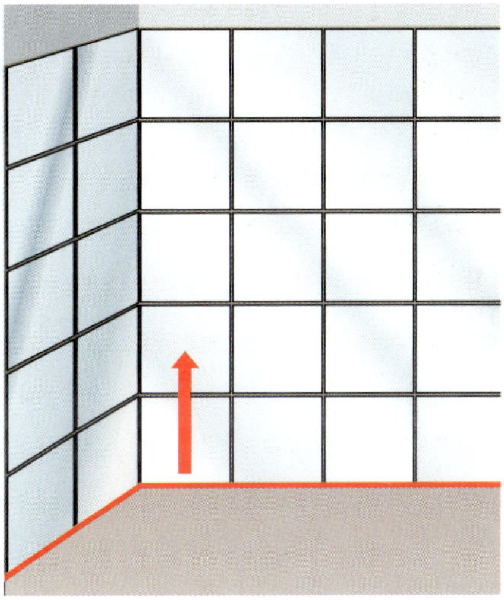

**Wenn die Höhe eines Fliesenspiegels beliebig gewählt werden kann, wird man aus optischen Gründen unten immer mit einer ganzen Fliesenreihe beginnen**

**Muss sich der Fliesenspiegel an einer festgelegten Höhenlinie orientieren, beispielsweise an der Türhöhe, müssen Sie die untere Fliesenreihe anschneiden**

# Verlegekurs für Wand- und Bodenfliesen

Grundsätzlich können Sie an der Wand von unten nach oben, aber auch umgekehrt arbeiten. Für Anfänger kann es hilfreich sein, unten eine gerade Leiste auf die Wand zu nageln, auf der Sie dann die zweite waagerechte Reihe ausrichten und sich anschließend weiter nach oben arbeiten. Zuletzt wird die unterste Reihe dann nachgearbeitet. Ziehen Sie immer nur so viel Kleber auf, wie Sie in der so genannten offenen Zeit mit Fliesen belegen können. Diese beträgt je nach Kleberart und Temperatur meist 10 bis 15 Minuten. Sobald sich auf den Klebestegen eine Haut zu bilden beginnt, haften die Fliesen nicht mehr optimal. In welcher Richtung Sie den Kleber anschließend mit der Zahnkelle durchkämmen, ist gleich. Wichtig ist nur die gleichmäßige Schichstärke.

**Hier wurden alle Wände des Badezimmers mit Gipskartonplatten verkleidet (links). Vor dem Verlegen der Fliesen müssen Sie die Platten mit Tiefengrund behandeln (rechts)**

**Mit Hilfe einer Richtlatte markieren Sie die Position der obersten Fliesenreihe (links). Dann werden aus der Ecke heraus die Fliesen Reihe für Reihe angesetzt (rechts)**

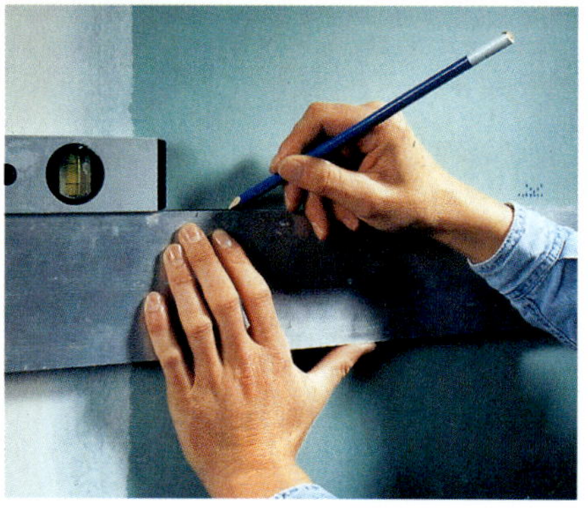

Besonders leicht lassen sich die waagerechten Fliesenreihen an einer Schnur ausrichten, die mit zwei Metallecken an den zuvor angesetzten äußeren Fliesen rechts und links befestigt wird. Die Fliesen stets mit einer Kante ansetzen, dann ganz ins Kleberbett drücken und gleichzeit die Oberkante an der Schnur ausrichten. Ein probates Hilfsmittel zum Einhalten gleicher Abstände sind Fliesenkreuze aus Kunststoff, die genau der vorgesehenen Fugenbreite entsprechen.

Beim Verlegen von Bodenfliesen müssen Sie die zu verfliesende Fläche sorgfältig einteilen. Handelt es sich um einen rechtwinkligen Raum wird, – wie im vorigen Kapitel gezeigt – eine Richtschnur mittig und parallel zu den Seitenwänden gespannt. An dieser Schnur liegt je nach Breite des Raumes entweder eine Fuge oder genau die Mitte einer ganzen Fliese. Im rechten Winkel zur Hauptschnur ziehen Sie im Bereich der Stirnwand eine zweite Schnur.

Legen Sie einige Reihen der Bodenfliesen zunächst einmal trocken aus, um das Verlegemuster und die Wandanschlüsse zu kontrollieren. Wenn alles wie vorgesehen passt, ziehen Sie den nach Herstellerangabe angerührten Kleber enlang der Hauptschnur auf den zuvor grundierten Boden auf. Sie legen am besten nur ein oder zwei Reihen in Längsrichtung, beginnen dann mit einer Flanke der Stirnwand und füllen die Restfläche.

**Die Bodenfliesen müssen im Fugenverlauf der Wandfliesen angeordnet werden. Markieren Sie den Verlauf der ersten Reihe mit dem Bleistift auf dem Boden**

**Nun verteilen Sie den Fliesenkleber auf der Fläche und kämmen ihn anschließend mit Hilfe der Zahnkelle so durch, dass gleichmäßig dicke Kleberstege entstehen**

**Zur perfekten Ausrichtung der Fliesen wird eine Schnur parallel zur Wand gespannt. Richten Sie die Kanten daran aus**

**Damit sich eine hohlraumfreie Verlegung ergibt, müssen Sie die Platten mit dem Gummihammer leicht ins Kleberbett klopfen. Dabei darf aber kein direkter Kontakt der Fliese zum Boden entstehen**

# Das Verfugen des Fliesenbelags

Den erforderlichen Fugenmörtel bekommen Sie wie den Fliesenkleber als fertige Trockenmischung, die nach Herstellerangabe mit Wasser angemischt wird. Es gibt unterschiedliche Verpackungsgrößen. Die Bezeichnungen der Standardprodukte sind Fugenweiß, Fugengrau und Fugenbunt. Weißzement stellt die Grundlage der Fugenmörtel dar. So genannter Fugenfüller ist nur für Fliesenfugen bis 4 mm geeignet. Bei breiteren Fugen würde dieses Material Risse bekommen.

Unter der Bezeichnung „Fugenbreit" bietet der Handel besonders vergütete Fugenmörtel an, mit der Sie auch breitere Ritzen bis etwa 12 mm schließen können. Farbige Fugenfüller sollten Sie stets nur im Innenbereich anwenden, da sich durch Witterungseinflüsse ihr Ton verändern kann.

Bei Wandfliesen müssen Sie nach dem Verlegen etwa 24 Stunden warten, bis die Fugenmasse eingearbeitet werden kann. Damit sich ein gleichmäßiges Bild ergibt, sollten Sie Kleberreste in den Fugen vorher auskratzen – am besten schon während der Verlegearbeiten, ehe der Kleber hart geworden ist. Die Fugen werden dann gesäu-

**Sobald die Wandfliesen fest sitzen (nach etwa 24 Stunden), beginnen Sie mit dem Verfugen. Die Masse dabei mit Fugengummi oder Fugbrett diagonal einarbeiten**

**Warten Sie, bis der Mörtel matt antrocknet, und reinigen Sie dann mit Schwamm und Wasser (links). Ist der Fugenmörtel ganz durchgetrocknet, polieren Sie die Fläche mit einem Tuch (rechts)**

bert und mit einem Schwamm gründlich vorgenässt.

Zum Anmischen brauchen Sie einen sauberen Baueimer. Mit dem Rührvorsatz in der Bohrmaschine mischen Sie den Fugenmörtel und das zugegebene Wasser gewissenhaft durch. Es dürfen keine Klümpchen mehr zu sehen sein. Mit einem Fugengummi oder einem Fugbrett bringen Sie den Fugenmörtel dann in kleinen Portionen auf die Wand und arbeiten ihn mit diagonalen Bewegungen kreuz und quer in die Fugen ein.

Alle Hohlräume müssen gut gefüllt werden. In den Raumecken ist besondere Sorgfalt erforderlich. Überschüssiges Material wird zuletzt diagonal zu den Fliesen abgenommen. Sobald der Fugenmörtel auf dem Belag matt antrocknet und in den Fugen steif wird, beginnen Sie mit dem Reinigen.

Mit einem großen Schwamm, der immer wieder in reichlich Wasser ausgespült werden muss, nehmen Sie die Mörtelreste von der Fliesenoberfläche ab. Dabei dürfen Sie den Schwamm nur mit leichtem Druck führen – schließlich soll der Mörtel ja nicht aus den Fugen herausgewaschen werden.

Anfänger machen häufig den Fehler, dass sie zu große Flächen in einem Arbeitsgang verfugen wollen. Sie schaffen es dann nicht, die Fläche zu reinigen, ehe der Fugenmörtel hart wird. In diesem Fall wird es ausgesprochen mühevoll, die Fläche sauber zu bekommen.

**Für den Boden wird der Fugenmörtel nach Herstellerangabe klumpenfrei angemischt – am besten mit Bohrmaschine und Rührquirl**

**Die Fugen müssen gleichmäßig tief sein (bei Bedarf vorher auskratzen). Schütten Sie den zähflüssigen Fugenmörtel dann in mehreren Portionen auf den sauberen Boden aus**

**Der breite Gummiwischer erleichtert das Verteilen. Dabei immer diagonal zum Fliesenverlauf arbeiten. Im Bereich von Innenecken sollten Sie zusätzlich mit einem kleinen Fugengummi nacharbeiten**

# Außenecken, Übergänge und Anschlussfugen

Außenecken können beim Fliesenlegen Probleme bereiten. Für viele hochwertige Fliesenserien werden so genannte Jollies angeboten – das sind Fliesen mit schräger Kante, die an der Außenecke sichtbar sein darf. Gibt es keine Jollies, kann man die zur Außenecke weisenden Kanten der Fliesen mit dem Winkelschleifer und einer Steinscheibe vorsichtig auf Gehrung abschrägen. Die Fuge zwischen den Fliesen bildet dann die Außenecke. Diese Lösung ist aufwendig und gelingt nicht immer zufriedenstellend.

Wesentlich eleganter sind spezielle Eckprofile, die vor dem Ansetzen der Fliesen ins Kleberbett gedrückt werden und eine gerundete Außenecke aus Kunststoff präsentieren. Diese Profile bekommen Sie in verschiedenen Farben, passend zu allen gängigen Fliesendekoren.

Hier eine Stufe, deren Außenecke mit einer Profilschiene aus Kunststoff belegt wurde. So entsteht ein sauberer Übergang. Unten sehen Sie ein Dichtprofil, das beim Übergang vom Bodenbelag zum Sockel die Silikonfuge überflüssig macht

Für Übergänge von Fliesen zu anderen Bodenbelägen gibt es spezielle Anschlussprofile in verschiedenen Farben und Höhen. Sie werden vor dem Verlegen der Fliesen ins frische Kleberbett gedrückt. Sind Höhenunterschiede zwischen den verschiedenen Bodenbelägen auszugleichen, wählen Sie ein abgeschrägtes Profil.
Alle Anschluss- und Dehnungsfugen im Sanitärbereich müssen Sie dauerelastisch mit Silikon ausspritzen. Dazu werden die Fugen zunächst gründlich von Mörtelresten gereinigt: Am besten kratzt man sie mit einem Holzkeil auf gleichmäßige Tiefe aus und entfernt dann die losen Partikel mit dem Staubsauger. Wichtig für die Dauerhaftigkeit der Abdichtung ist, dass die Fuge nicht zu schmal ist. Die Bewegungsfreiheit des elastischen Dichtstoffes ist um so höher, je weiter die Haftflächen auseinanderliegen. In der Praxis bedeutet das: Wenn zwischen Bauteilen größere Bewegungen zu erwarten sind, sollten Sie möglichst breite Fugen vorsehen.

Haben Sie die Fuge entsprechend vorbereitet, kleben Sie die Ränder mit Kreppband ab und drücken die Silikonwurst bei gleichmäßigem Vorschub ein. Je nach Fugenbreite wird die Tülle der Kartusche zuvor angeschrägt. Zum Schluss glätten Sie die Fuge mit Spülmittel-Lösung. Das können Sie mit dem Finger oder besser einem speziellen Kunststoffkeil machen.

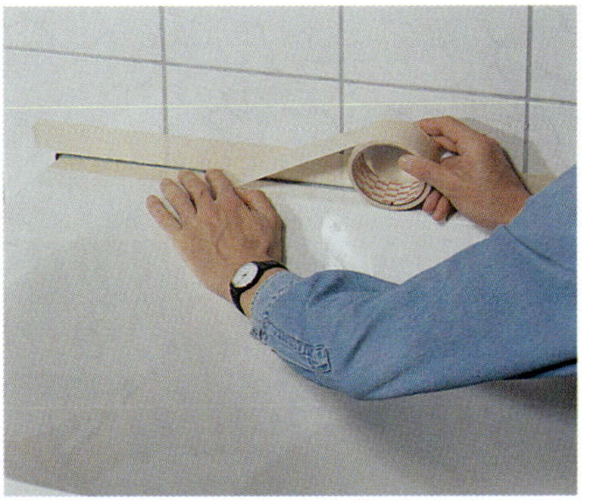

**Um eine Anschlussfuge sauber mit Silikon ausspritzen zu können, kleben Sie die Fuge – hier zwischen Wanne und Wandfliesen – beidseitig mit Kreppband ab**

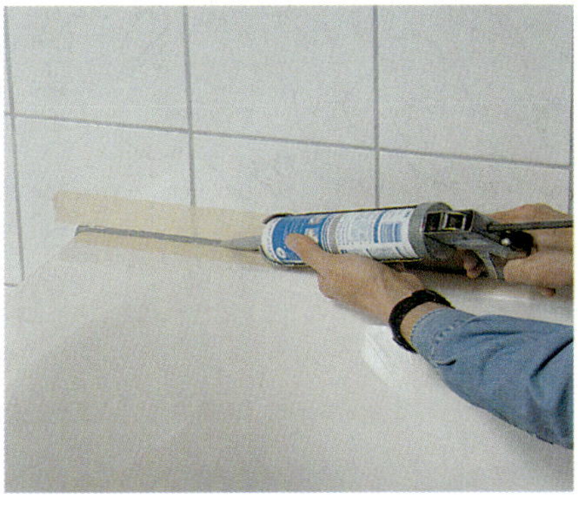

**Die Tülle der Silikonkartusche wird entsprechend der gewünschten Fugenbreite schräg abgeschnitten. Unter gleichmäßigem Vorschub füllen Sie dann die Fuge aus**

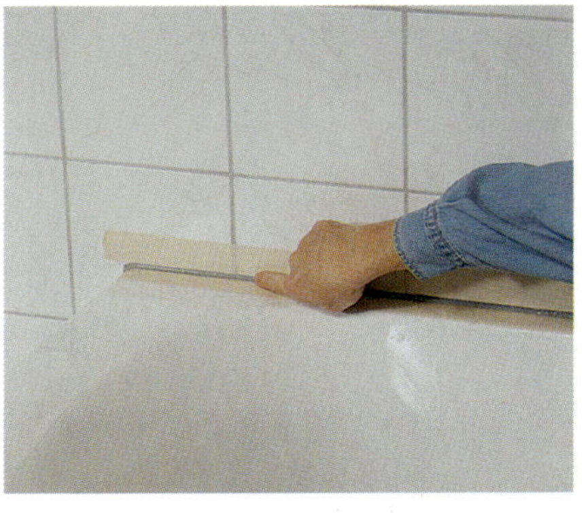

**Anschließend wird die noch frische Fugenmasse mit einem Wasser-Spülmittel-Gemisch sorgfältig glattgestrichen. Dann das Klebeband zur Fuge hin abziehen**

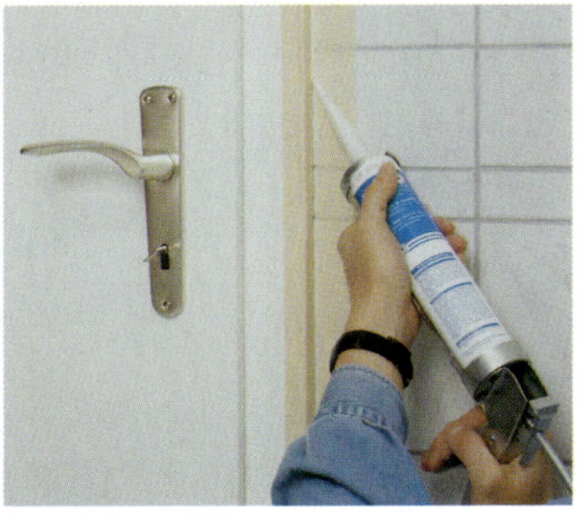

**Auch die Fuge zwischen Wandfliesen und Türfutter sollten Sie mit Sanitärsilikon dauerelastisch versiegeln**

# Fliesenkosmetik – alte Beläge neu beschichten

**Kaum zu glauben, dass dieses attraktive Badezimmer eigentlich schon mehr als 20 Jahre auf dem Buckel hat. Die unmodern gewordenen Fliesen und die Sanitärobjekte wurden ganz einfach neu beschichtet**

Wenn bei einem in die Jahre gekommenen Badezimmer nur das altmodische Fliesendekor und die Farben der Sanitärobjekte stören, müssen Sie nicht gleich alles herausreißen und kostspielig ersetzen. Vielleicht entscheiden Sie sich für das hier vorgestellte Beschichtungssystem, das nach einer Abbbindezeit von 24 Stunden eine Oberflächenhärte erreicht, die der höchsten Beanspruchungsgruppe bei Fliesen entspricht. Die Beschichtung erfolgt in mehreren Stufen. Farbschicht und Versiegelung werden getrennt aufgebracht.

Soll die Fliesenbeschichtung dauerhaft halten, muss der Untergrund entsprechend sorgfältig vorbereitet werden. Kleinere Beschädigungen wie Dübellöcher können Sie zuspachteln. Lose Fliesen vorher ganz einfach neu ankleben.

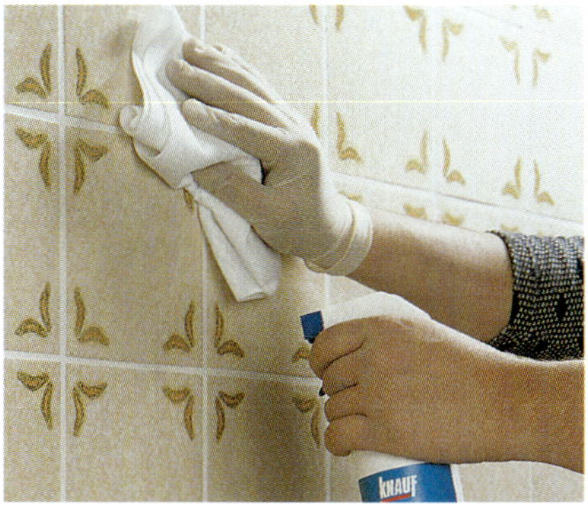


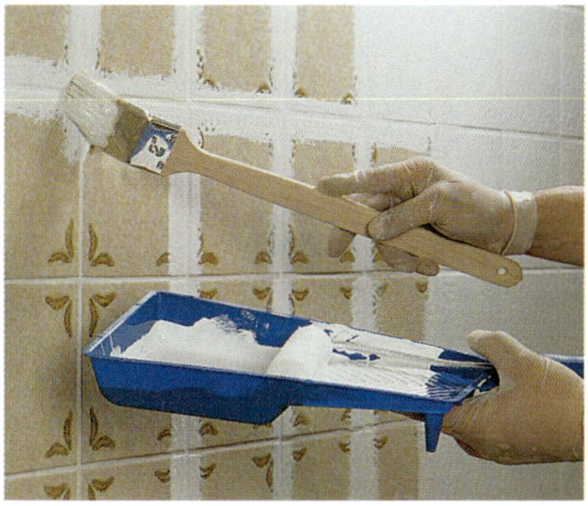

Schmutz und Fettreste werden mit dem Grundreiniger sorgfältig entfernt (links).
Dann geht's an die Beschichtung. Mit einem Pinsel streichen Sie zuerst die Fugen ein (rechts)

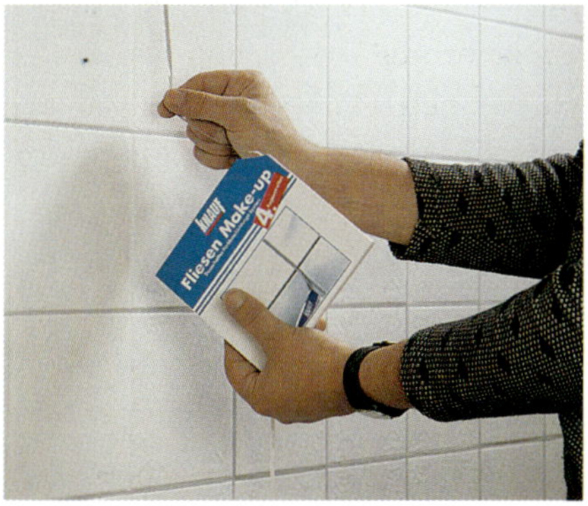


Die gesamte Fläche wird anschließend mit der Schaumstoffrolle bearbeitet (links).
Nach zweimaligem Auftrag werden selbstklebende Fugenstreifen aufgebracht (rechts)

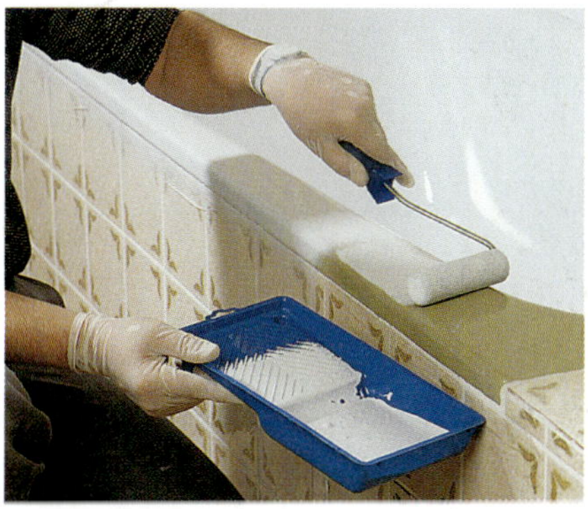

Die Sanitärobjekte, wie hier die Wanne, schleifen Sie nach der Reinigung an (links).
Dann reiben Sie Haftgrund auf und können im nächsten Schritt mit dem Farbauftrag beginnen (rechts)

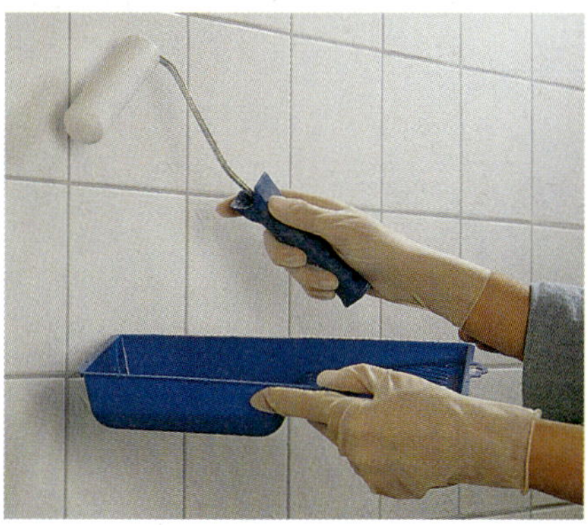

Zum Schluss geht es an den Boden. Nachdem der Belag durchgetrocknet ist, erneuern Sie die Silikonfugen in den Ecken (links).
Schutz vor mechanischer Belastung bietet die Endversiegelung (rechts)

6

# Holz im Bad

# Holzverkleidungen richtig hinterlüften

Auch in Feuchträumen können Profilbretter und Paneele problemlos eingesetzt werden. Voraussetzung: Erstens muss die Oberfläche der Verkleidungen wasserabweisend behandelt sein, zweitens muss für eine ausreichende Hinterlüftung der Konstruktion gesorgt werden. Paneele gibt's in spezieller Feuchtraumausführung. Profilbretter aus Massivholz, die noch keine wasserabweisende Beschichtung aufweisen, werden am besten mit einer offenporigen Lasur geschützt.

Die linke Wand des hier gezeigten Badezimmers erhielt hinter dem raumhohen Heizkörper einen Fliesenbelag, wurde ansonsten aber mit Holz und dekorativen Spiegeln bekleidet. Die Unterkonstruktion für die Profilbretter wie auch für die großen Spiegel benötigt eine Hinterlüftung. Fehlt der Luftaus-

**Auf einer halbrunden Unterkonstruktion werden die Profilbretter der Deckenverkleidung angebracht. Verzinkte Nägel dienen zur Befestigung**

**Nachdem die gerundeten Bereiche verkleidet sind, geht es an die gerade Deckenfläche. Hier werden die Profilbretter mit Klammern angebracht**

Die Unterkonstruktion für Profilbretter und Spiegel erhält an der Rückseite Ausklinkungen für die Hinterlüftung (links). Durch Unterkeilen bringen Sie die Latten in eine Ebene (rechts)

Solche Kunststoffkeile gibt es in verschiedenen Stärken (links). Beim Eindrehen der Schrauben stets die Wasserwaage anhalten, um die Unterkonstruktion zu kontrollieren (rechts)

Nun stecken Sie Befestigungsklammern auf die hinteren Nutwangen der abgelängten Bretter (links). Zum Fixieren ist eine solche Nagelhilfe zu empfehlen (rechts)

Beim Ineinanderschieben von Nut und Feder sollten Sie ein Schlagholz benutzen (links). Wichtig ist die Hinterlüftung: Fehlt der Platz für eine Konterlattung, stemmt man Ausklinkungen ein (rechts)

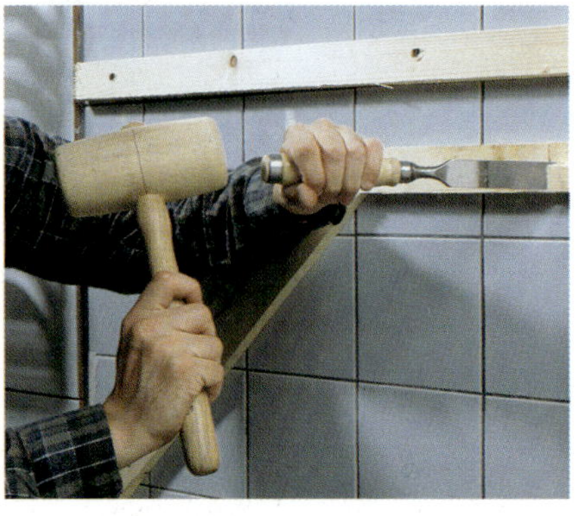

tausch, kann sich die Holzverkleidung verziehen.

Falls man wie in unserem Beispiel ein besonderes Verlegemuster entworfen hat, sollte man die Positionen der Latten mit einem Filzstift auf der Wand markieren. Besondere Sorgfalt verlangt das Ausrichten der Konstruktion. Die Latten werden mit Richtlatte und Wasserwaage nivelliert. Dazu sucht man zunächst den „Nullpunkt", das heißt die am weitesten vorstehende Stelle. Von hier aus wird dann so lange unterkeilt, bis die gesamte Lattung exakt in einer Ebene und Flucht liegt. Besonders präzise arbeiten Sie mit speziell für diesen Zweck angebotenen Abstandsklötzchen aus Kunststoff.

**Der Verlauf der Schräge im Übergangsbereich von der Holzverkleidung zur Spiegelfläche wird mit Hilfe der Schmiege an jedem Brett angerissen**

**Die Profilbretter am besten von der Rückseite zuschneiden, damit die Sichtkante nicht ausreißt. Ansonsten den Schnitt mit einem scharfen Cuttermesser vorritzen**

7

# Sanitärobjekte montieren

# Fester Halt für Waschbecken & Co.

Die Position eines Waschbeckens liegt bei optimaler Planung symmetrisch auf dem Fliesenraster. Ausgehend von der Symmetrieachse zeichnen Sie die Bohrlöcher zur Befestigung an. Die Höhe reißen Sie so an, dass die Oberkante des Waschbeckens 82-86 cm Bodenabstand aufweist. Der Abstand der beiden Befestigungspunkte richtet sich nach den Maßen des Sanitärobjekts.

Zweckmäßigerweise benutzen Sie ein Dübelset, in dem alle erforderlichen Teile enthalten sind. Neben zwei für jeden Wandbaustoff geeigneten Allzweckdübeln von 14 mm Durchmesser sind dies die dazu passenden Stockschrauben mit Bundscheiben, Unterlegscheiben und Sechskantmuttern. Beim Anbohren der Fliesen zunächst ohne Schlag arbeiten, dann auf Schlagbohren umschalten.

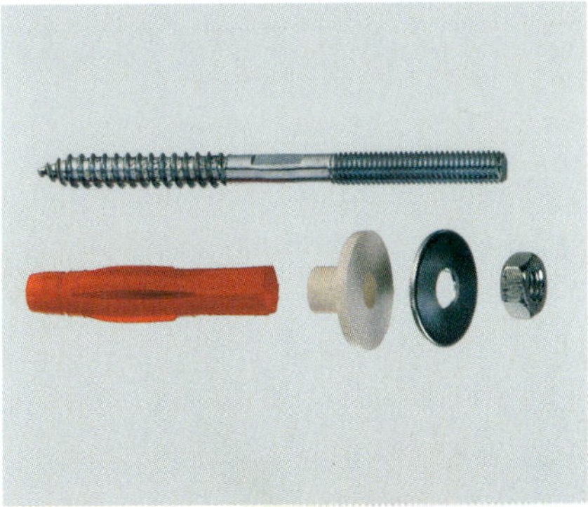

Ein Befestigungssystem für Waschbecken, wie es viele Dübelhersteller anbieten (links). Sind die Stockschrauben eingedreht, schieben Sie das Waschbecken auf und schrauben es fest (rechts)

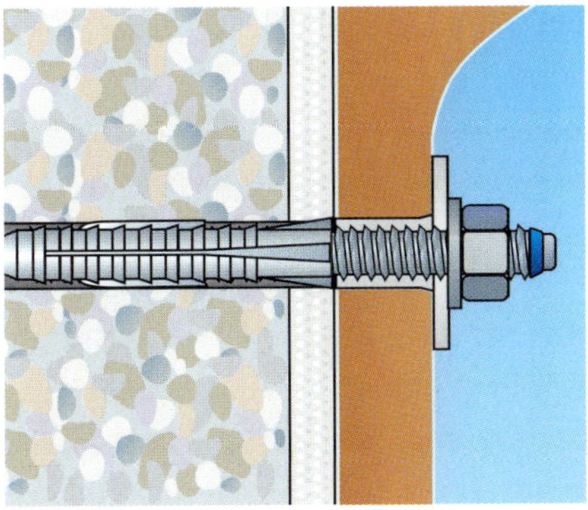

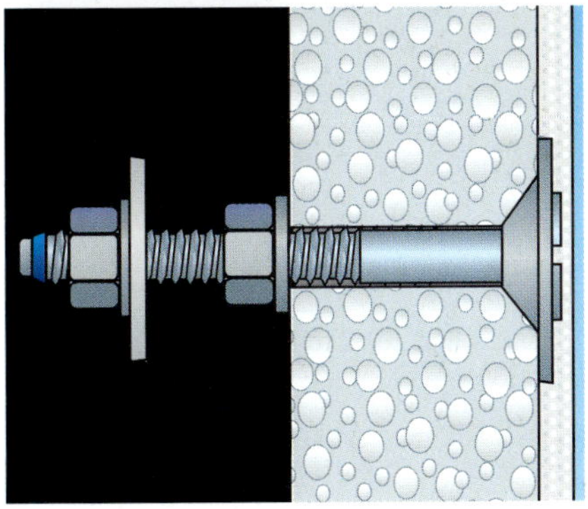

Die Bundscheiben aus Kunststoff verhindern, dass die Schrauben direkt mit der Keramikoberfläche in Berührung kommen (links). Für leichte Trennwände wählen Sie Durchsteckysteme mit Halteplatte (rechts)

Auf das Gewinde des Eckventils drehen Sie einen Zopf Hanf, bis die Gewindegänge gefüllt sind (links), und streichen dann Dichtungspaste auf (rechts)

Drehen Sie nun das Eckventil ein (links). Dann wird das Waschbecken hinten mit Installationskitt abgedichtet und aufgehängt (rechts). Zuletzt montieren Sie die Armatur (unten)

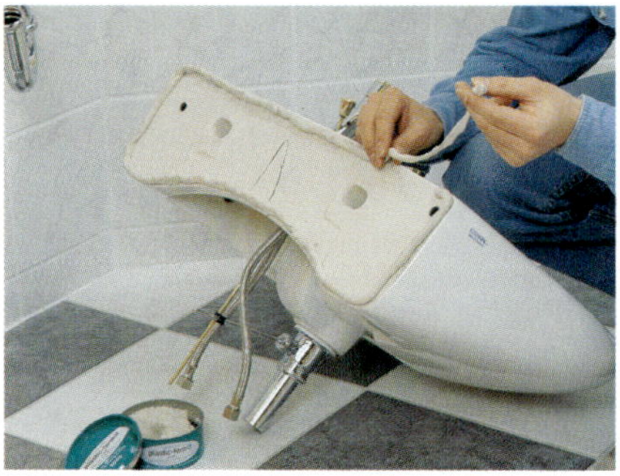

## Eckventile versorgen die Armaturen mit Wasser

Bei jeder Neuinstallation eines Waschbeckens müssen Sie zunächst die Eckventile in die Wandanschlüsse schrauben. Zum Abdichten kann man Teflonband oder Hanf mit Dichtungspaste verwenden. Die meisten Profis arbeiten nach wie vor mit Hanf, weil man damit abgedichtete Verbindungen bei Bedarf (Spiel für Wandabstand) wieder ein wenig zurückdrehen kann, was bei der Verwendung von Teflonband nicht möglich ist.

Formen Sie aus dem Hanf einen kleinen Zopf, den Sie breit und gleichmäßig auf die Gewindegänge des Eckventils wickeln. Arbeiten Sie dabei rechtsherum – vom Rohrende beginnend. Dann mit der

Fingerspitze ein wenig Dichtungspaste aufstreichen und das Eckventil mit der Hand in den Wandanschluss eindrehen. Der Hanf darf sich dabei auf keinen Fall aus dem Gewinde herausdrücken. Die letzten drei Gewindegänge ziehen Sie mit Hilfe der Rohrzange an. So wird die Verbindung garantiert dicht. Sind Waschbecken und Eckventile montiert, können Sie auch die Armatur anbringen. Dazu biegen Sie die Kupferrohre der Armatur nach dem Einschieben in die Montageöffnung vorsichtig zurecht und verbinden sie mit den Eckventilen. Bei Bedarf müssen Sie die Anschlüsse kürzen.

**Die Montage eines Bidets ähnelt der des Waschbeckens. Sie setzen den Siphon in die Abflussöffnung und schieben dann die Armatur ein**

**Nun wird das Bidet auf die Stockschrauben geschoben und festgeschraubt. Zuletzt schließen Sie die Armatur an die beiden Eckventile an**

# Komfort-Armaturen für den perfekten Dreh

Mit dem Komfort, im Bad über fließend warmes Wasser zu verfügen, stellte sich das Problem, kaltes und warmes Wasser in einer Armatur zusammenzuführen. Das naheliegende Ergebnis ist die noch heute verwendete Zweigriff-Armatur, bei der beide Wasserzuführungen in einen Hahn münden. Solche einfachen Mischbatterien haben aber entscheidende Nachteile. Sie müssen als Energieverschwender bezeichnet werden, weil stets geraume Zeit vergeht, bis man die jeweils richtige Mischung eingestellt hat.

Wesentlich komfortabler und energiesparender ist die moderne Einhebelarmatur. In bedeutend kürzerer Zeit haben Sie damit die richtige Einstellung gefunden: Zuerst schwenken Sie den Hebel seitlich, um die richtige Temperatur zu finden – dabei fließt noch kein

**Die beiden linken Bilder zeigen moderne Einhebelarmaturen für Dusche und Waschbecken. Rechts oben eine interessante Lösung fürs Haarewaschen am Waschbecken: Der Ausguss kann mit einem Brauseschlauch herausgezogen werden. Darunter eine Thermostat-Batterie, die beim Duschen für konstante Wassertemperatur sorgt**

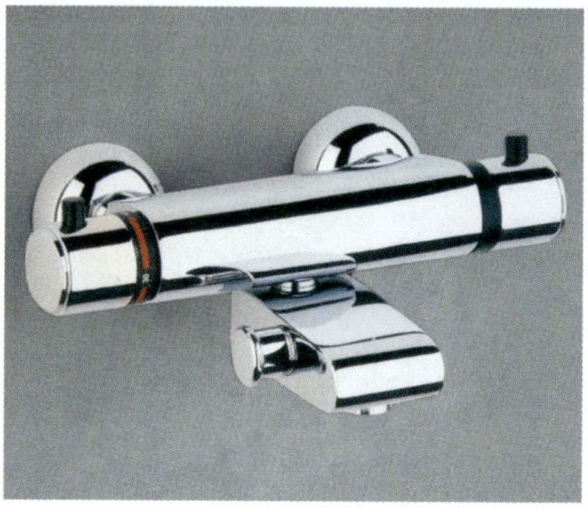

Wasser aus dem Hahn – ‚dann erst heben Sie den Griff der Armatur, um das kostbare Nass herausströmen zu lassen.

Schwankungen der Temperatur, verursacht durch das Öffnen weiterer Zapfstellen im Haus, muss man allerdings sowohl bei Zweigriff- als auch bei Einhebel-Armaturen in Kauf nehmen. Wer also unter der Dusche nicht der Gefahr eines unfreiwilligen Wechselbads ausgesetzt sein möchte, braucht eine Armatur mit automatischer Regulier-Funktion, eine so genannte Thermostat-Batterie. Sie garantiert absolut konstante Wassertemperaturen, weil bei ihr ein Sensor auf Veränderungen der Zuflüsse reagiert und automatisch nachreguliert, so dass die einmal gewählte Wassertemperatur erhalten bleibt.

Bei der Montage der Armaturen unterscheidet man zwischen Einbau-, Wand- und Unterputzarmaturen. Einbauarmaturen sitzen direkt auf dem Waschbecken oder auf der Wanne. Wandarmaturen liegen auf der Wandoberfläche und Unterputzarmaturen sind bis auf Hebel und Ausguss in die Wand eingelassen. Unterputzarmaturen stellen die eleganteste Lösung dar. Sie sind leicht sauber zu halten und fügen sich unauffällig in die Wandgestaltung ein.

Statt Gummidichtungen besitzen die modernen Einhebelmischer Keramikdichtungen. Sind sie defekt, muss die so genannte Patrone komplett ausgetauscht werden.

**Duschen de Luxe:** Wer die heimische Dusche zur Fitnesskabine machen will, baut ein ganzes System seitlicher Duschköpfe ein, die durch regulierbare Schwall- und Massagefunktion den Körper in Schwung bringen. Die Installation solcher Systeme sollte man allerdings besser dem Fachmann überlassen

8

# Badezimmereinrichtung

# Perfekte Details und Accessoires

Vor nicht allzu langer Zeit galt bereits ein beleuchteter Spiegelschrank im Bad als ausgesprochener Luxus. Heute ist es selbstverständlich, das Bad durch nützliche und attraktive Accessoires aufzuwerten. An erster Stelle stehen dabei Spiegel, Ablagen, Regale, Glas- und Seifenhalter usw. Wir empfehlen Ihnen, hier die Elemente aus einer Kollektion zu wählen, damit sich ein einheitliches Gesamtbild ergibt.

Wenn der Platz es zulässt, werden Bäder heute mit attraktiven Möbeln ausgestattet. Aufgrund der Feuchtraum-Situation müssen solche Möbelresistent gegen Wasserdampf und besonders pflegeleicht sein. Um den ohnehin knappen Raum optimal nutzen zu können, bieten die meisten Hersteller Baukasten-Systeme an. Die Einzelelemente wie Unterschränke, Ober- und Hochschränke, Wandborde und Regale gibt es in verschiedenen Maßen, um sie je nach Raumverhältnissen möglichst platzsparend arrangieren zu können.

**Links: Zahnputzbecher und passender Handtuchhalter aus einer hochwertigen Kunststoff-Kollektion. Rechts: Spezielle Haltegriffe können älteren Menschen und Behinderten die Benutzung sanitärer Einrichtungen erleichtern**

## Badezimmer ins rechte Licht setzen

Für die Grundbeleuchtung des Raumes sind in die Decke eingelassene Halogenleuchten ideal. Beim Neubau lassen sich dafür spezielle Montagedosen aus Kunststoff direkt in die Betondecke eingießen. Wurde dies versäumt, können Sie die Badezimmerdecke mit Hilfe einer Lattenkonstruktion abhängen, und die Halogenspots in die Decke einbauen. Lassen Sie sich bei der Planung von einem Elektrofachmann beraten, der auch den Anschluss des Transformators ans 220-Volt-Netz übernehmen sollte.

**Mit Holzdecken können Sie attraktive Akzente setzen. Halogenspots lassen sich darin ohne Schwierigkeiten unterbringen**

**Hier eine aufwendige Unterkonstruktion, mit der die Decke „gefaltet" wird. Als Verkleidungselemente kommen feuchtraumgeeignete Paneele zum Einsatz**

**Sie brauchen zum Aussägen der Öffnungen für die Halogenspots eine 60-mm-Lochsäge. Verkabelung und Montage der Trafos erfolgen vor dem Anbringen der Profilbretter**

## Spiegel und Badezimmer-Accessoires andübeln

Außer besonders leichten Kleinteilen, die sich auf die Fliesen kleben lassen, müssen Sie die meisten Badezimmer-Accessoires mit Dübeln an der Wand befestigen. Der eleganteste Weg, den Fliesenbelag zu schonen, ist, in die Fuge zu bohren. Lässt es sich aber nicht umgehen, eine Fliese anzubohren, sollten Sie den Randbereich meiden. Bohren Sie stets ohne Schlag mit einem scharfen Bohrer an, bis die harte Glasur durchbrochen ist. Dann erst stellen Sie Ihre Bohrmaschine auf Schlagbohren um.

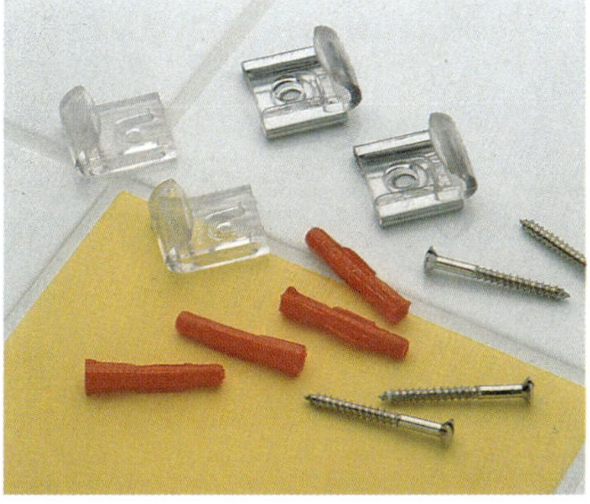

Zur Befestigung von Badezimmerspiegeln gibt es Dübelsets mit starren und federnden Klammern (links). Versuchen Sie, die Befestigungspunkte auf Fliesenfugen zu legen (rechts)

Bohren Sie ohne Schlag, bis Sie die Glasur der Fliese durchbrochen haben (links).
Dann setzen Sie die Dübel ein und schrauben die Halteklammern an (rechts)

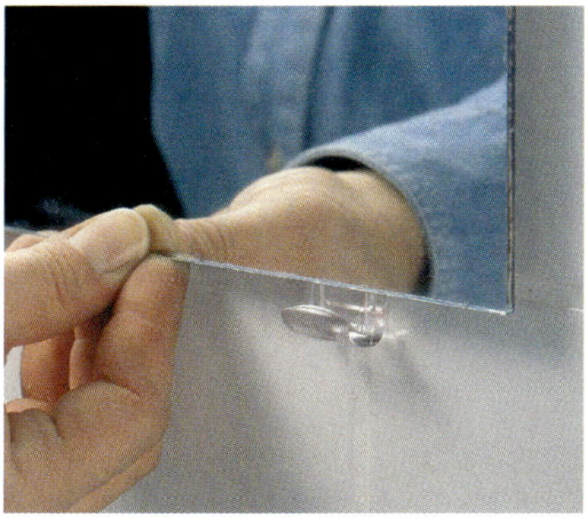

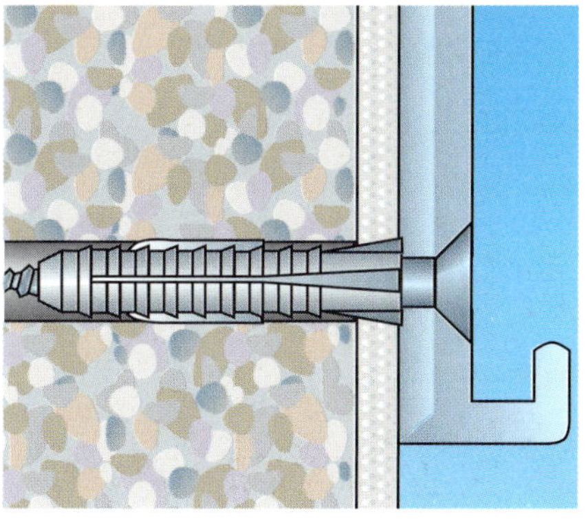

Unten sitzt der Spiegel auf festen Klammern. Oben werden die Federklammern beim Montieren hochgezogen (links).
Die Schnittzeichnung zeigt, wie sich der Dübel im Mauerwerk verankert (rechts)

9

# Ein Traumbad entsteht

# Von A bis Z in Eigenleistung erstellt

Das kaum genutzte Gästezimmer eines Altbaus sollte im hier gezeigten Beispiel zum Traumbad ausgebaut werden. Ihre Wunschausstattung hatten die Besitzer in einer Badausstellung gesehen. Dort ließ man sich ein Komplett-Angebot machen, das mit mehr als 20000 Mark jedoch viel zu teuer für den knappen Etat ausfiel. Was also tun? Man fand einen Installateur, der sich bereit erklärte, Planung und Betreuung für einen Badausbau in Eigenleistung zu übernehmen. So konnten die Kosten halbiert werden.

Mit dem Konw-how des Profis als Sicherheit kann man sich ein solches Projekt durchaus zumuten. Er sorgt für die fachgerechte Planung, überprüft die wichtigen Arbeitsschritte und stellt sicher, dass alle einschlägigen Anforderungen der Bauaufsicht erfüllt werden.

**Mit Trockenputz aus Gipskartonplatten hatte man einen glatten Untergrund fürs Verfliesen geschaffen . Nach dem Verlegen der Installationen wurden Wanne und Duschtasse eingebaut**

**Nach dem Verfliesen von Wand und Boden ging es an das Montieren der Sanitärobjekte. Gut vier Wochen später konnte das neue Traumbad eingeweiht werden**

Ein wandhohes Schachtelement nimmt in der rechten Raumecke die Installationen der Dusche auf (links). Wenn alle Vorwand-Module stehen, werden die Kunststoffrohre abgelängt und mit den Anschlüssen verschraubt (rechts)

Den Verlauf der Abflussrohre hat der Fachmann auf dem Boden vorgezeichnet. Das Rohrgefälle muß 1-2% betragen (links). Die große Eckbadewanne richtet man mit Hilfe der Justierschrauben aus (rechts)

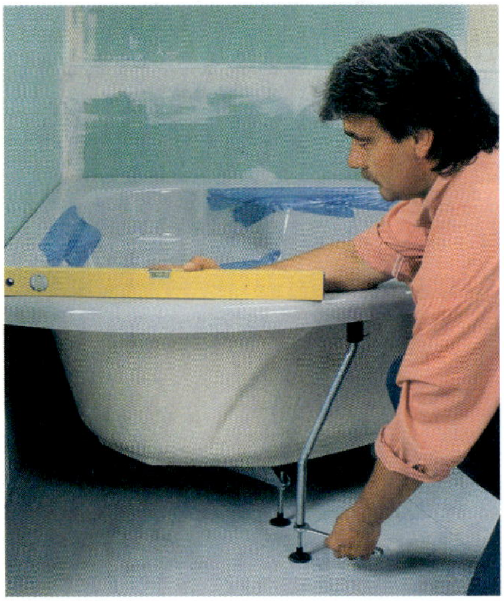

Damit die Wanne sich nicht verschiebt, werden die Füße nach dem Justieren mit Fliesenkleber auf dem Boden fixiert (links). Der Duschwannenträger aus Hartschaum wird in die Nische geschoben. Vorn erhielt er zuvor einen Ausschnitt fürs Abflussrohr (rechts)

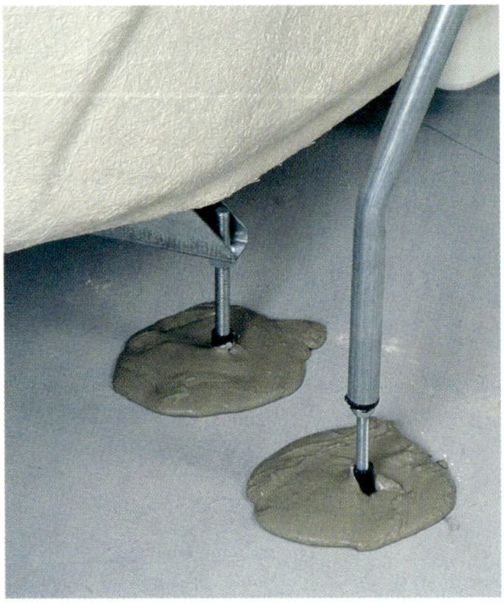

## Installationen

Der Sanitär-Profi, den man zur fachlichen Betreuuung des Badausbaus engagiert hatte, empfahl für Rohrverlegung und Montage der Sanitärobjekte die Verwendung anschlussfertiger Module zur Vorwand-Installation.

Alle Rohranschlüsse sind bei diesen Elementen vorgegeben. Und da grundsätzlich nicht gelötet, sondern nur geschraubt wird, entfällt ein für den Heimwerker schwieriger Arbeitsgang. Hinter Gipskartonplatten verschwindet zum Schluß die gesamte Installations-Technik.

## Dusche und Wanne einbauen

Nachdem alle Rohrleitungen verlegt und vom Fachmann überprüft waren, wurden Duschtasse und Wanne eingebaut. Als Unterbau für die Dusche kam ein Hartschaumträger zum Einsatz.

Bei der vorgesehenen Eckbadewanne war eine Abmauerung mit Porenbetonplatten erforderlich. Dazu wurde die Wanne zunächst in ihre korrekte Position gerückt und mit Hilfe der höhenverstellbaren Füße ausgerichtet. Nachdem der Wasserablauf samt Überlauf montiert und auf Dichtigkeit geprüft war, ging es ans Mauern der Schürze. Um die Rundung herzustellen, wurden die Platten einzeln mit der Raspel bearbeitet.

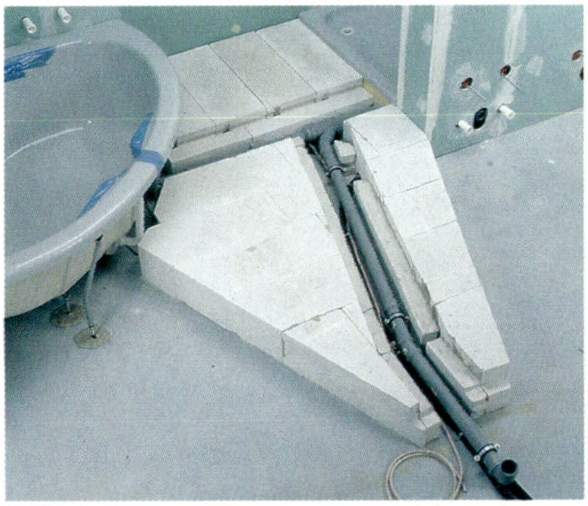

**Ein Podest aus Porenbeton muss zwischen Dusche und Wanne aufgebaut werden, um die Zu- und Ableitungen der freistehenden Waschbecken aufzunehmen**

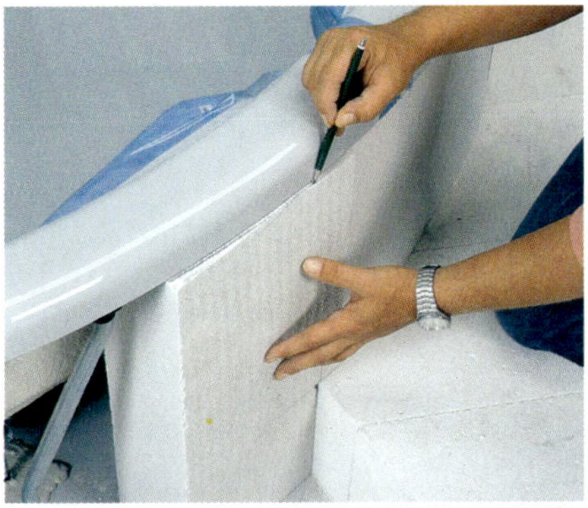

**Um die Porenbetonschürze exakt an die Rundung der Wanne anzupassen, werden die Platten einzeln angerissen und passend abgeschrägt**

**Hier wird die Platte eingesetzt, die sich an das Podest anschließt (links). Der Wannenunterbau aus Porenbeton steht. Letzte Unebenheiten werden mit Gipsputz ausgeglichen (unten)**

Auf den mit Tiefgrund vorbehandelten Boden werden die Korkplatten in gegeneinander versetzten Reihen mit Dispersionskleber geklebt

Die elastischen Platten passen sich der gerundeten Wannenschürze genau an. Zuletzt wird die Korkoberfläche mit Speziallack wasserfest versiegelt

Die Glasbausteine der Trennwand zur Dusche setzt man in Zementmörtel. Durch leichte Schläge mit dem Gummihammer lassen sie sich exakt ausrichten

Den oberen Abschluss der lichtdurchlässigen Abmauerung bildet ein aufgelegtes Aluprofil. Zur Decke bleibt ein Belüftungsraum von 30 cm Höhe

## Kork fürs Bad

Der klassische Bodenbelag in Feuchträumen sind keramische Fliesen. Eine noch wenig bekannte Alternative stellen Korkfliesen dar. Im hier gezeigten Bad wurden die Wannenschürze sowie Teile des Fußbodens mit Korkfliesen beklebt. Der angenehm fußwarme Belag ist erstaunlich widerstandsfähig. Ein spezieller Versiegelungslack macht ihn wasserdicht.

## Glasbausteine

Meist werden Duschtassen bei der Badplanung in eine Ecke gesetzt und mit einer zweiseitigen Schiebetürabtrennung versehen. Trennt man dagegen die Duschkabine mit einer massiven Wand ab, reicht für die Vorderseite ein einfacher Duschvorhang. Um die abgemauerte Ecke mit ausreichend Licht zu versorgen, wurde die Trennwand hier oberhalb der wandhängenden Samitärobjekte aus Glasbausteinen errichtet.

## Perfekte Nassraumabdichtung unterm Fliesenbelag

Wände in Nassbereichen müssen dauerhaft vor eindringender Feuchtigkeit geschützt werden. Dies ist ganz besonders wichtig, wenn der Unterbau aus Gipskartonplatten besteht. Eine lückenlose Abdichtung lässt sich durch spezielle Kunststoffbahnen herstellen,

Fliesenkleber wird auf die Wand gezogen und aufgekämmt. Dann legt man die Dichtmatten überlappend ein (links).
Der Stoßbereich wird mit Fliesenkleber gespachtelt (rechts)

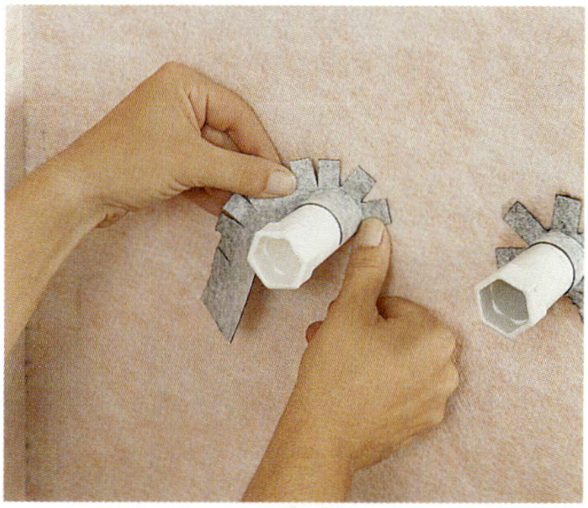

Installationsanschlüsse werden mit Spezialbändern umlegt (links).
Hier ein Detail der Duschtasse: Zuerst wird der Sockel hinter der Dusche abgeklebt. Dann folgen die Wandflächen (rechts)

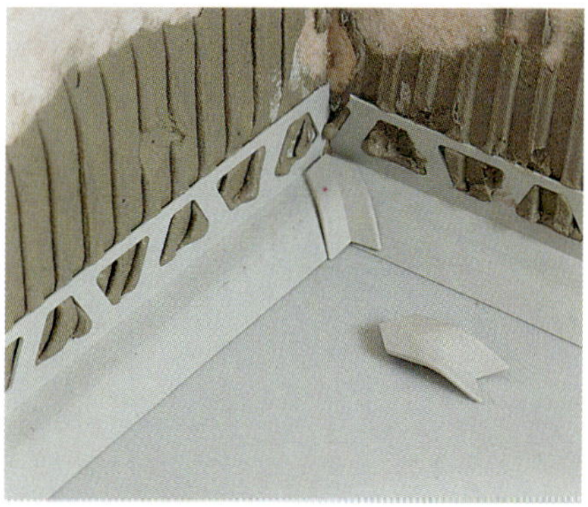

Dichtprofile zum Anschluß des Fliesenbelags komplettieren das System (links).
Für Innenecken gibt es Abschlusskappen, die das Eindringen von Wasser sicher verhindern (rechts)

Auf die Dichtmatten wird zuletzt der Klebemörtel aufgezogen (links).
Von der ersten Reihe ausgehend, wird hier zuerst nach oben und dann nach unten verfliest (rechts)

Die passend zugeschnittene Trägermatte wird auf dem Porenbetonsockel ins vorbereitete Kleberbett gelegt

Im Randbereich sind die Matten abgeflacht, so dass sie überlappend verlegt werden können. Ein spezielles Klebeband sorgt für die Abdichtung der Verbindung

Am nächsten Tag kann man die Oberseite der matte mit normalem zementgebundenem Fliesenkleber ausspachteln und anschließend die Bodenfliesen verlegen

Man legt zuerst die aus ganzen Fliesen bestehenden Reihen auf. Zur Wanne hin müssen anschließend Passstücke geschnitten werden

die man unter dem Fliesenbelag auf Wand und Boden verklebt. Die hier verwendete Dichtmatte besteht aus Polyäthylen und ist beidseitig mit Vliesgewebe kaschiert.

Mit einem auf den Untergrund abgestimmten Kleber (in der Regel hydraulischer Fliesenkleber mit Kunststoffzusatz) wird die Bahn vollflächig auf Wand und Boden verklebt. Die Ränder müssen sich um mindesten 5 cm überlappen. Auf dem so vorbereiteten Untergrund wird dann werden die Fliesen dann wie gewohnt angesetzt.

Problemfälle gibt es bei jedem Badausbau. Hier musste beisspielsweise auf den Porenbetonsockel, der zum freistehenden Waschbecken führt, ein tragfähiger Untergrund zum Verlegen der Bodenfliesen geschaffen werden. Der Sanitärfachmann riet zu einer Trägermatte aus geripptem Polyäthylen. Diese Matte wird vollflächig verklebt und nimmt alle Spannungen zwischen Fliesenbelag und Unterbau auf.

In die verschiedenen Rand- und Eckfugen wurden Spezialprofile gelegt, die für saubere und dauerhaft dichte Übergänge sorgen.

## Sanitärobjekte

Nach Abschluss der Fliesenarbeiten begann die Montage der Sanitärobjekte und der Armaturen. An den als Trennwand zur Dusche aufgebauten Modulen waren WC und Bidet anzubringen. Für das Bidet sind ein Kalt- und ein warmwasseranschluss erforderlich. Die Standarmatur wird ähnlich wie bei einem Waschbecken montiert. Beim WC geht die Montage noch leichter vonstatten. Hier müssen nur die Zu- und Ablaufrohre in die Dichtmuffen des Moduls gesteckt und dann die Halteschrauben des Wc's angezogen werden.

Zuletzt erfolgte in unserem Traumbad der Aufbau der beiden freistehenden Waschbecken. Hier hat man ganz einfach zwei identische halbrunde Waschtisch-Elemente gegeneinandergesetzt. So haben beide Benutzer optimale Bewegungsfreiheit und können sich bei der täglichen Körperpflege auch nicht behindern.

Im Bereich der Rundungen konnten keine fertigen Dichtprofile eingesetzt werden. Hier wird mit Sanitärsilikon gearbeitet

Die Fliesenarbeiten sind abgeschlossen. Nun werden nur noch die beiden Waschtische aufgestellt und angeschlossen, und das Traumbad ist fertiggestellt

10

# Badumbau mit Pfiff

# Musterlösung für die Bad-Modernisierung

Auf gerade einmal sieben Quadratmetern wurden beim hier vorgestellten Minibad Waschbecken, WC, Dusche und Waschmaschine untergebracht. Die alte Badewanne musste weichen, dafür entstand rechts neben der Dusche eine Nische, in der die für die Etagenwohnung unerlässliche Waschmaschine ihren Platz fand. Eine weiß lackierte Lamellentür verschließt diesen Bereich.

Obwohl für den Komplett-Umbau alle Sanitärobjekte ausgetauscht wurden und die gesamte Installation neu verlegt werden musste, konnt das Projekt in Eigenleistung vollbracht werden: Vorwand-Technik macht's möglich.

Nach einer zuvor vom Sanitär-Profi erstellten Planung wurden die erforderlichen Module im Baumarkt gekauft und dann in Eigenleistung montiert.

**So sah das kleine Badezimmer vorher aus (links). Die Wanne musste weichen. Vorwandmodule für die Montage der neuen Sanitärobjekte wurden ringsum an der Wand montiert und verkleidet (rechts)**

**Die Gipskartonbekleidungen der Module lassen sich direkt mit Fliesen belegen (links). Der Wandbereich oberhalb der Module wurde mit Holzpaneelen versehen (rechts)**

An die zuvor montierten Aufhängeschienen schraubt man die Installations-Module (links). Sind auch die Bodenschrauben eingedreht, wird das Ganze justiert (rechts)

Für Abstände von mehr als 625 mm müssen Zwischenträger angebracht werden (links). Eine Diagonalstrebe macht die Eckmontage des Waschbeckens möglich (rechts)

Hier die Adapter für den Anschluss ans vorhandene Leitungssystem (links). Die Kunststoffrohre können Sie mit einer Spezialzange leicht durchtrennen, um sie dann zu verschrauben (rechts)

Die Vorwand-Installation steht. Im Vordergrund sehen Sie das raumhohe Schachtelement für die Dusche (links). Nun geht's ans Verkleiden der Elemente mit Gipskartonplatten (rechts)

## Vorwand-Installation mit anschlussfertigen Modulen

Man benötigte Module für die drei Funktionsbereiche Waschbecken, WC und Dusche. Weil das Waschbecken in der Ecke angebracht werden sollte, musste hier noch eine spezielle Aufhängeschiene besorgt werden – für die Diagonalmontage über Eck. Um den Raum zwischen Waschbecken und WC überbrücken zu können, waren außerdem zwei so genannte Zwischenträger erforderlich. Für den Übergang von den alten Wasseranschlüssen zum neuen Leitungssystem kamen zwei Adapter hinzu.

Das Montieren der Vorwand-Module ist leichter, als man denkt. Sie müssen die Wandschienen waagerecht andübeln, die Module daran verschrauben und dann die Bohrungen zur Befestigung der Fußpunkte herstellen. Für die anschließende Feinjustierung des Wandabstands und der Höhe sind Stellschrauben vorhanden.

Im nächsten Schritt werden die Wasserleitungen verlegt. Sie bestehen aus flexiblen Kunststoffrohren, die einfach von der Rolle verarbeitet und mit Messingfittings verschraubt werden. Zwei Adapter stellen die Verbindung zu den alten Anschlüssen her.

Sind Wasser- und Abflußrohre verlegt, sollte der Fachmann, der die Umbaumaßnahme geplant hat, eine letzte Kontrolle der Installationsarbeiten vornehmen.

**Die neuen Fliesen wurden ganz einfach auf den alten Belag geklebt. Etwaige Niveau-Unterschiede müssen vorher beigeputzt werden**

**Eine Diagonalverlegung der großformatigen Bodenfliesen soll den Raum optisch größer erscheinen lassen**

**Für die Holzverkleidung der Wand werden Latten angedübelt. Ihre Rückseite erhält alle 30 cm Ausklinkungen, um eine ausreichende Hinterlüftung zu gewährleisten**

**So fügt man die Paneelbretter ineinander. Die Befestigung erfolgt mit Hilfe handelsüblicher Profilbrettkrallen**

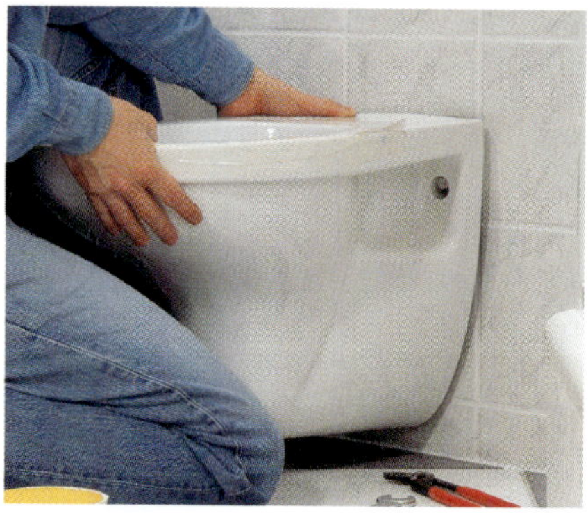

**Zuletzt werden die Sanitärobjekte montiert. Die Anschlüsse des WC's schiebt man in die Dichtmuffen des Moduls und schraubt die WC-Schüssel an**

**Feinarbeiten nach dem Aufbau der Duschabtrennung: Die Fuge zwischen Rahmenprofil und Duschtasse wird mit Silikon versiegelt**

## Fliesen- und Holzarbeiten

Am Boden wurden die neuen Fliesen ganz einfach auf den alten Belag geklebt. Zum Flur überbrückt eine spezielle Übergangsschiene den Höhenunterschied. Oberhalb der Vorwand-Module wurde eine Holzverkleidung angebracht. Dazu braucht man eine hinterlüftete Lattung und allseits wasserabweisend imprägnierte Paneelbretter. Unebenheiten des Untergrunds werden durch Unterkeilen der Lattung ausgeglichen.

Zuletzt geht es ans Montieren der Sanitärobjekte. Hier wiederholen sich die Arbeitsschritte, die bereits auf den vorhergehenden Seiten ausführlich gezeigt wurden.

# Register

Im FALKEN Verlag sind zahlreiche Titel zum Thema „Do it yourself“ erschienen. Bitte fragen Sie überall dort, wo es Bücher gibt.

Dieses Buch wurde auf chlorfrei gebleichtem und säurefreiem Papier gedruckt.

Der Text dieses Buches entspricht den Regeln der neuen deutschen Rechtschreibung.

ISBN 3 8068 1857 6



**Umschlaggestaltung:** Elisabeth Berthauer
**Redaktion:** Konrad Haase
**Titelbild:** Villeroy & Boch, Mettlach
**Fotos:** Archiv des Autors, Redaktion „Selbst ist der Mann“, Duscholux, Keramag, Kludi, Knauf Bauprodukte GmbH, DAL Armaturenfabrik, Ideal-Standard, A & S Wannentechnik, Hewi
**Grafiken:** Malcolm Powell, Köln



**Satz und Umbruch:** Hans-Werner Bastian, Weilerswist
**Druck:** Ernst Uhl, Radolfzell

817 2635 4453 6271